中国山竹栽培技术

◎ 周兆禧　林兴娥　主编

中国农业科学技术出版社

图书在版编目（CIP）数据

中国山竹栽培技术 / 周兆禧，林兴娥主编. --北京：中国农业科学技术出版社，2023. 5

ISBN 978-7-5116-6277-4

Ⅰ. ①中…　Ⅱ. ①周…　Ⅲ. ①山竹子－果树园艺　Ⅳ. ①S667.9

中国国家版本馆CIP数据核字（2023）第 084405 号

责任编辑　周丽丽
责任校对　李向荣
责任印制　姜义伟　王思文

出 版 者　中国农业科学技术出版社
　　　　　北京市中关村南大街 12 号　　邮编：100081
电　　话　（010）82106638（编辑室）　（010）82109702（发行部）
　　　　　（010）82109709（读者服务部）
网　　址　https: // castp.caas.cn
经 销 者　各地新华书店
印 刷 者　北京地大彩印有限公司
开　　本　148 mm × 210 mm　1/32
印　　张　5.25
字　　数　150 千字
版　　次　2023 年 5 月第 1 版　　2023 年 5 月第 1 次印刷
定　　价　60.00 元

本书的编写和出版，得到2021年五指山市科技项目——海南五指山山竹子提质增效关键技术研发与示范（WZSKJXM2021002）资助。

《中国山竹栽培技术》编委会

主　　编	周兆禧　林兴娥
副 主 编	赵家桔　刘咲頔　谢昌平　周　祥
参编人员	詹儒林　李新国　丁哲利　高宏茂
	毛海涛　黄晨婧　张二龙　葛路军
	蔡俊程　卓　斌　陈妹姑　朱振忠
	何红照

前　言

PREFACE

山竹（*Garcinia mangostana* L.），学名莽吉柿，属于藤黄科（Guttiferae）藤黄属（*Garcinia*）热带多年生常绿果树，原产于马来西亚群岛，素有“热带果后”之称。山竹口感嫩滑清甜，果实可食率为29%～45%，其中可溶性固形物16.8%、柠檬酸0.63%、维生素C 12 mg/100 g。此外还富含蛋白质、脂肪、多种维生素及钙、磷等矿质元素。山竹具有维持心脏血管系统和胃肠健康以及控制自由基氧化等功效。山竹除鲜食外，果壳中含有大量天然红色素，具有稳定性和抑菌活性，可作为碳酸饮料等的着色剂，果皮提取物在作物的杀虫抗菌方面也能起到一定的作用，山竹果皮是用于强化畜禽饲料效果及配合饲料生产和储存的一类植物饲料添加剂。山竹于1919年传入中国台湾，20世纪30年代后陆续引种至海南和广东等地，目前我国栽培面积最大的地区是海南保亭和五指山，总面积约133 hm^2，其中单体连片规模最大的是五指山市毛道乡，面积20 hm^2，是极具地方特色的果树之一。

2022年4月，习近平总书记在海南考察时指出，“根据海南实际，引进一批国外同纬度热带果蔬，加强研发种植，尽快形成规模，产生效益”。为贯彻落实习近平总书记的重要讲话精神，海南省委省政府随即组织专家编写了《热带优异果蔬资源开发利用规划（2022—2030）》，其中山竹作为特色优异水果之一。海南省具有大面积种植山竹的区域优势，从目前的市场行情分析，在适宜区种植1亩山竹的收益将至少相当于传统农业5～10亩的收益，山竹适宜在坡地、丘陵地和平地种植，种植方式灵活多样，可以商业化规模化栽培、房前屋后庭院式栽培和道路两侧栽培，必将成为海南优势特色果业之一。在推进乡村振兴发展中，山竹是地域特征鲜明、乡土气息浓厚的小众类果树，且发展潜力巨大，对促进农民增收，助力地方乡村振兴具有重要意义。

本书由中国热带农业科学院热带作物品种资源研究所联合中国热带农业科学院海口实验站和海南大学编写，周兆禧副研究员主编，其中周兆禧负责图书框架及撰写，林兴娥主要负责山竹的品种特点、生物学习性、生态学习性及相关贸易等资料的撰写，毛海涛负责山竹果实品质分析，刘咲頔主要负责相关图片等资料查阅整理，谢昌平负责山竹主要病害及其防控技术的撰写，周祥负责山竹主要虫害及综合防控技术的撰写，丁哲利负责外文资料查询，葛路军负责山竹示范基地管理及种苗繁育技术的撰写，高宏茂和黄晨婧负责图片资料整理。书中系统介绍了我国山竹的发展现状、功能营养、生物学特性、生态学习性、主要品种（系）介绍、种植技术及病虫害防控等基本知识，既有国内外研究成果与生产实践经验的总结，也涵盖了中国热带农业科学院热带作物品种资源研究所和海口实验站在该领域的最新研究成果。本书通过图文并茂的详细介绍，技术性和操作性强，可供广大山竹种植户、农业科技人员和院校师生查阅使用，对我国山竹的商业化发展具有一定的指导作用，对加快我国山竹果树产业科技创新，推动产业发展，促进农业增效、农民增收以及产业可持续发展具有重要现实意义。

本书是在中国热带农业科学院热带作物品种资源研究所果树栽培课题组、五指山市生态科技特派员服务团队的系统研究及生产实践成果的基础上，并参考国内外同行最新研究进展编写而成的，编写过程中得到海南省五指山市科技工业信息化局和农业农村局钟涛、莫朝伟、王锦、罗庆鹏、王辉和黄婷等领导、同志的大力支持，在此谨表诚挚的谢意！感谢中国热带农业科学院海口实验站谭乐和研究员的无私指导与帮助，感谢陈妹姑、朱振忠和何红照研究生的协助。由于作者水平所限，书中难免有错漏之处，恳请读者批评指正。

编 者

2023年3月

目 录

CONTENTS

第一章

发展现状

第一节　山竹起源与分布

山竹，学名莽吉柿（*Garcinia mangostana* L.），又称山竺、山竺子、倒捻子。为藤黄科（Guttiferae）藤黄属（*Garcinia*）的一种典型热带果树。藤黄属全世界约450种，我国目前发现的记录种有22种。藤黄属约有40种果实可食用，但是只有山竹被作为水果广泛种植和交易。山竹是热带多年生常绿果树，属于纯热带果树，也称典型热带果树。

山竹原产于马来西亚群岛，分布于东南亚、南亚、非洲、西印度群岛、大洋洲、北美洲、南美洲等热带地区，东南亚地区主要种植山竹的国家有泰国、马来西亚、印度尼西亚、菲律宾、越南等。我国热带地区的海南和台湾也有种植。其中种植面积相对较大的是海南的保亭和五指山。

第二节　山竹市场贸易

全球山竹主产区分布于东南亚国家，包括泰国、马来西亚、印度尼西亚、菲律宾和越南等地，其中泰国山竹种植面积最大，2014年已达到85 000 hm^2，2022年全年产果38万t。泰国也是全球山竹最大的出口国，出口量占到东南亚山竹出口总量的85%左右，美国、中国、欧盟是山竹进口需求量较大的国家和地区。受到不同国家检验标准的影响，进出口国家法律法规及鲜果保存时间等因素的限制，山竹进出口贸易量每年都有一定的波动，但总体需求量一直呈不断增长的趋势，这也导致东南亚国家和山竹适宜种植地区都在不断开拓新的山竹种植基地。山竹作为一种营养丰富，口感鲜美的热带水果深受我国消费者喜爱，我国山竹消费量呈日益增长的趋势，据海关总署数据表明，2015年，我国山竹进口量为10.5万t，至2019年，山竹进口量已达到36.5万t，增长约2.5倍。受新冠肺炎疫情的影响，2022年，我国山竹的进口量为20.9万t，价值6.3亿美元。其中泰国作为我国的主要山竹供应国，在2022年向我国出口山竹18.3万t。

第三节　中国山竹发展现状

20世纪30—60年代，海南省文昌、琼海、万宁和保亭先后引种试种山竹。除中国台湾地区外，目前在中国只有海南的保亭、五指山、三亚、陵水等市县试种成功，非常适合海南南部区域发展。其中，海南省保亭热带作物研究所（海南省农垦科学院保亭试验站）1960年从马来西亚引种进入海南，1969年开花结果后，至今仍然连年开花结果。经过多年探索，确定海南南部的保亭、五指山、三亚、乐东、陵水等市县为我国的山竹适种区。

随着人们饮食结构的变化、消费水平的提高，越来越多人开始注重提升生活质量，各种名特优水果也渐受青睐。山竹是高档水果之一，主要消费市场分布在广东、上海、北京等地。目前中国山竹市场供不应求，每年从泰国和马来西亚进口大量的山竹来满足国内市场需求。

进口山竹果由于需要长途运输，一般选择在山竹果未充分成熟时采摘，再加之长途运输，严重影响山竹果实品质。海南山竹果与从东南亚进口的山竹果相比，大大缩短了运输距离，果实可以充分成熟后再采摘，同时海南山竹果普遍具有多肉、甘甜的特点，所以比起进口的山竹果实，我国海南产的山竹果品质更为鲜美。海南山竹市场出园价40元/kg左右，盛产期果树每年每亩[①]产量按照800 kg的保守估算，年亩产值3.2万元以上，效益可观，非常适合乡村振兴农业产业发展规划差异性的要求。而国产山竹产业发展规模不大，主要有以下方面原因：一是山竹属于典型热带果树，对气候条件要求较高；二是山竹投产期过长，山竹实生树要7～12年才开始挂果，生产者难以承担前几年的投入成本；三是由于山竹生长量相对慢，育苗时间较长，优质健康种苗相对匮乏。

第四节　山竹开发应用现状

山竹整果在食品、医学等多方面得到较好的开发利用。

一、食品方面

山竹鲜果深受消费者欢迎，在国内是高端水果之一，由于山竹果实营养丰富，风味独特，具有“热带果后”的美誉。山竹除鲜食外，还可以榨汁、制作果酒、制作果脯蜜饯、加工成罐头等。

---

① 1亩≈667 m^2，15亩=1 hm^2，全书同。

二、医学方面

山竹具有维持心脏血管系统和胃肠健康以及控制自由基氧化等功效，山竹醇具有抗癌潜能，可作为乳腺癌、结肠癌以及口腔癌等的化学预防或治疗药物。在泰国，山竹果皮一直作为传统医药，用于腹痛、腹泻、痢疾、感染性创伤、化脓、慢性溃疡、淋病等疾病的治疗。山竹果干燥的果皮中含有丰富的单宁酸，单宁酸有防腐剂和收敛特性。在印度尼西亚和中国，切片烘干后的山竹果壳被碾成粉末后有助于治疗痢疾，制成膏后可以用于湿疹及其他皮肤病的治疗。人们通过煎煮果壳来获得果皮提取物，服用可减轻腹泻、膀胱炎、淋病和慢性尿道炎。菲律宾人使用山竹叶子和树皮煎成汁可治疗发热、鹅口疮、腹泻、痢疾和泌尿系统疾病。山竹树皮提炼物已经被用于治疗阿米巴痢疾（表1-1）。

表1-1　山竹各部位药用价值

部位	用途
树皮	治疗溃疡或鹅口疮的收敛剂
树叶	治疗溃疡或鹅口疮的收敛剂 退热药 伤口治疗的静脉滴注
种皮	治疗腹泻和痢疾
外果皮	治疗慢性肠黏膜炎 治疗痢疾并用作洗液 治疗呼吸紊乱 治疗皮肤感染 收敛剂 倒捻子素（Mangostin）用作消炎药 倒捻子素（Mangostin）用作抗菌药

（续表）

部位	用途
外果皮	倒捻子素衍生物用于中枢神经系统的镇静剂 减轻腹泻
根	治疗月经不调

三、工业方面

山竹外果皮中提取的色素具有抑菌活性、稳定性，天然的山竹色素在我国食品工业中得到科学的应用，提高了山竹果实的利用价值。山竹可以作为纺织染料，从山竹果壳中提取染液可对纯棉织物进行染色，而且其对锦纶的染色和抗紫外效果显著，也提高了纺织品档次。

山竹外果皮提取物在农业中的杀虫抗菌方面也起到一定的作用，叶火春等（2016）对采用浸叶法测定山竹果皮中的乙醇、氯仿、石油醚、乙酸乙酯及正丁醇5种提取物的杀虫抗菌活性进行测定，结果显示山竹果皮提取物具有良好的杀虫抗菌活性。

四、园林方面

山竹枝叶浓密，树形呈圆柱状，枝条着生角度小，外观紧凑优美，且病虫害很少，抗风性强，养护管理简单粗放，常可用于园林绿地绿化等。

第二章

功能营养

第一节 营养价值

山竹果实富含多种营养物质，其独特的风味深受消费者欢迎。山竹果实可食率29%～45%，其中每100 g果肉中含蛋白质0.4 g、脂肪0.2 g、糖类17 g、可溶性固形物16.8%、柠檬酸0.63%、产热289 kJ，丰富的膳食纤维、糖类、维生素及镁、钙、磷、钾等矿物元素，山竹维生素含量全面，除了B族维生素外，还有维生素C、维生素A和维生素E（表2-1）。山竹内果皮味偏酸，嫩滑清甜，且具有不明显的清香气味，因为山竹气味的化学组分量大约只有芳香水果的1/400，主要包含叶醇（顺-3-己烯醇）、乙酸己酯以及α-古巴烯。山竹营养丰富，抗氧化作用强，而且具有保健功效，不过食用山竹要适量，因为山竹中富含氧杂蒽酮，过量摄入此物质会增加酸中毒的可能性。在泰国，人们将榴莲和山竹视为“夫妻果”。如果吃了过量榴莲导致上火，吃几个山竹就能缓解。

表2-1 每100 g山竹果肉成分组成

成分	含量	成分	含量
能量（kJ）	289	钙（mg）	11
烟酸（mg）	0.3	磷（mg）	9
蛋白质（g）	0.4	钾（mg）	48
脂肪（g）	0.2	钠（mg）	3.8
碳水化合物（g）	18	碘（μg）	1.1

（续表）

成分	含量	成分	含量
叶酸（μg）	7.4	维生素E（mg）	0.36
膳食纤维（g）	1.5	镁（mg）	19
维生素B_1（mg）	0.08	铁（mg）	0.3
维生素B_2（mg）	0.02	锌（mg）	0.06
维生素B_6（mg）	0.03	硒（μg）	0.54
维生素C（mg）	1.2	铜（mg）	0.03
维生素A（mg）	0.55	锰（mg）	0.1

第二节　药用价值

中医认为山竹有清热降火、美容肌肤的功效。对平时爱吃辛辣食物，肝火旺盛、皮肤不太好的人，常吃山竹可以清热解毒，改善皮肤，体质本身虚寒者则不宜多吃。山竹全果含有超过40种不同活性的氧杂蒽酮，是目前自然界已发现200多种含氧杂蒽酮的食物中氧杂蒽酮种类和含量最多的。氧杂蒽酮是最佳的天然抗氧化剂之一，同时它还具有抗炎症、抗过敏的功效。氧杂蒽酮可以帮助减缓老化、增强免疫系统、预防炎症发生等。氧杂蒽酮也可以有效地用于治疗心血管疾病，如缺血性心脏病、血栓形成和高血压等。

山竹果壳中提取的呫吨酮化合物还以抗真菌、抗病毒、抗疲劳的属性而深受欢迎，由于其抗过敏特性，可用于治疗各种过敏症状。山竹醇是天然的口腔癌预防剂。山竹提取物中的α-倒捻子素、半乳糖能有效缓解钙拮抗作用以及心肌缺血。山竹果壳色素相比传统印染工艺中使用的染料更具有稳定性和抗紫外线能力，在食品保鲜方面也有应用。山竹果有效预防不同的疾病，如糖尿病、癌症、帕金森氏症、阿尔茨海默氏病、偏头痛、心脏病、发烧、发炎、身体疼痛等。

第三节　食用宜忌

第一，山竹属寒性水果，所以体质虚寒者不宜多吃；山竹含糖较高，因此肥胖者宜少吃，糖尿病人不宜食用；山竹含钾较高，故肾病及心脏病患者要少吃。

第二，山竹具有降燥、清凉解热的作用，健康人群都可食用。但山竹不宜多吃，每天食用不宜超过3个。山竹富含纤维素，在肠胃中会吸水膨胀，过多食用会引起便秘。

第三，山竹作为能缓解榴莲燥热的“热带果后”，寒性很重，忌和西瓜、豆浆、啤酒、白菜、芥菜、苦瓜、冬瓜、荷叶等寒凉食物同食。吃山竹时，最好不要将紫色汁液染在肉瓣上，会影响口感。

第四，山竹内富含的氧杂蒽酮抗氧化作用强，而且有保健功效，但食用要适量，过量摄入此物质会增加酸中毒的可能性。α-倒捻子素是从山竹中提取的一种氧杂蒽酮类化合物，具有显著的抗氧化性，已广泛用于药品中，但过量服用会对线粒体功能有毒害作用，损害呼吸作用，造成乳酸中毒。

第三章

生物学特性

第一节　形态特征

一、根

山竹根系为直根系，由主根、侧根、须根、根毛组成。山竹主根与侧根上都分布有根毛，但侧根和根毛少。一条主根直直深入土壤，主根上侧根稀少，长势远远弱于主根，最长的侧根也只延伸到树干外1 m多的位置。所以多年生的山竹实生苗移栽不易成活。以泰国山竹为例，试验表明，在山竹幼苗期把主根间断后，侧根依然很少萌发，最先1条主根萌发，胚乳的另外一端也会萌发根系，但最终和胚乳一并脱落（图3-1，图3-2）。

图3-1　胚乳萌发根（周兆禧　摄）

图3-2　仅1条直根（周兆禧　摄）

二、主干及枝

山竹树冠圆锥形，常绿小乔木，树干直立，树皮粗糙，高

12～20 m，有明显主干，棕色或黑褐色，内部含有黄色味苦、如融化黄油一般的汁液。单轴分枝，分枝多而密集，交互对生在茎上，与茎呈45°～60°夹角平伸生长，小枝粗厚，圆形，一般为四棱茎（图3-3）。

图3-3 山竹主干及主枝明显（周兆禧 摄）

三、叶

叶芽呈红色，单叶对生；叶片厚革质，具光泽，椭圆形或椭圆状矩圆形，长14～25 cm，宽5～10 cm，新生叶呈玫瑰色，后逐渐变为绿色直至深绿色，叶背呈淡黄绿色，顶端短渐尖，基部宽楔形或近圆形，中脉两面隆起，侧脉密集，多达15～27对，在边缘内联结；叶柄粗壮，短而粗，长约2 cm（图3-4至图3-9）。

图3-4　泰国山竹叶
（周兆禧　摄）

图3-5　泰国山竹新叶颜色
（周兆禧　摄）

图3-6　泰国山竹叶面
（刘咲頔　摄）

图3-7　泰国山竹叶背
（刘咲頔　摄）

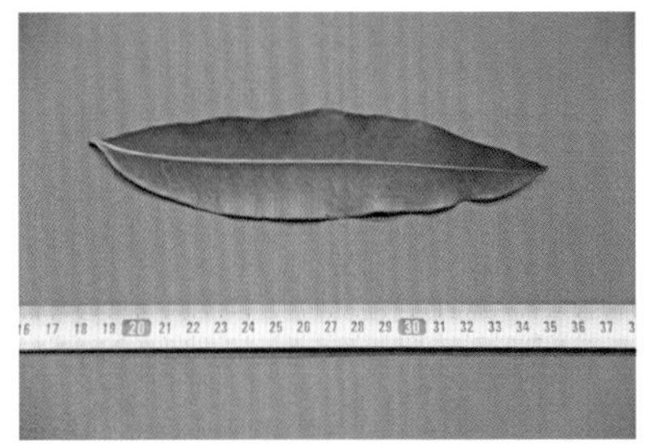

图3-8　黄金山竹叶面
（刘咲頔　摄）

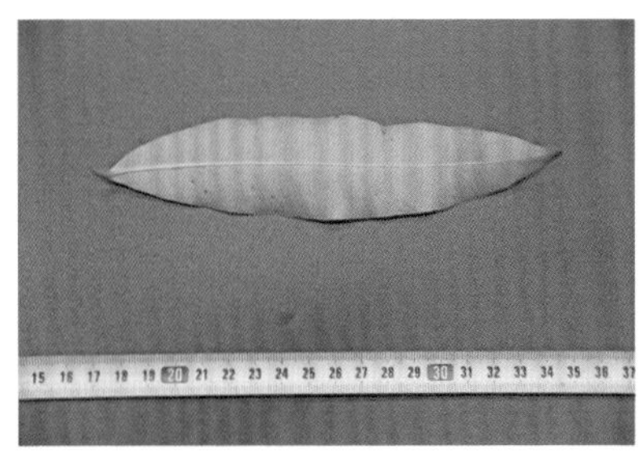

图3-9　黄金山竹叶背
（刘咲頔　摄）

四、花

山竹单花顶生，少数2～3朵聚生，花直径2.5～5 cm，海南种植观察仅有两性花。两性花生于嫩短枝的前端，1个或2个；单生或成对生，花梗长1.2 cm；萼片及花瓣4枚，为肉质黄色杂有红色和淡粉色；雄蕊退化，子房5～7室，柱头4～8深裂（图3-10至图3-12）。

图3-10　山竹萌发花芽
（周兆禧　摄）

图3-11　山竹花蕾萌发
（周兆禧　摄）

图3-12　山竹花朵开放（周兆禧　摄）

五、果

山竹果实成熟后，果实为直径4～8 cm的球形，表面光滑，肉质萼片及外果皮内层的柱头残存，外果皮约占果重的2/3，山竹外果皮很厚且硬，味苦（图3-13，图3-14）。山竹刚开始结出的小果实为嫩绿色或白色，2～3个月之后，果实体积渐渐变大，外果皮颜色逐渐变成深绿色，最后整果长成直径4～8 cm大小。果肉为白色，由4～8个楔形瓣组成，外观颇似蒜瓣。以泰国

图3-13　果肉楔形瓣组成（周兆禧　摄）

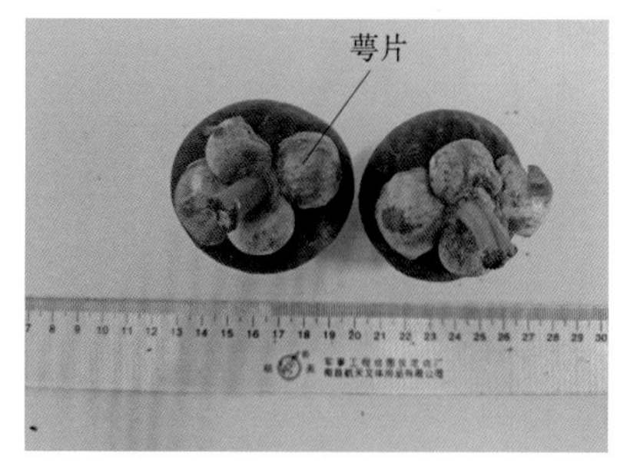

图3-14　果实连同宿存花萼（周兆禧　摄）

山竹为例，山竹果实的顶端有宿存柱头，宿存柱头呈花瓣状，一般有多少片宿存柱头就对应有几瓣果肉（图3-15，图3-16）。

图3-15　宿存柱头（周兆禧　摄）

图3-16　黄金山竹果实横切（周兆禧　摄）

六、种子

山竹果实一般有1～5个完全发育的种子，少量无种子即无核果，一般在较大的果瓣内，烘烤后可食用。种子长约1 cm，扁平状，属于顽拗型种子，其种子的胚为珠心胚，是无融合生殖，不需要经过受精。因此，山竹实生苗后代仍然保持原品种特性（图3-17，图3-18）。

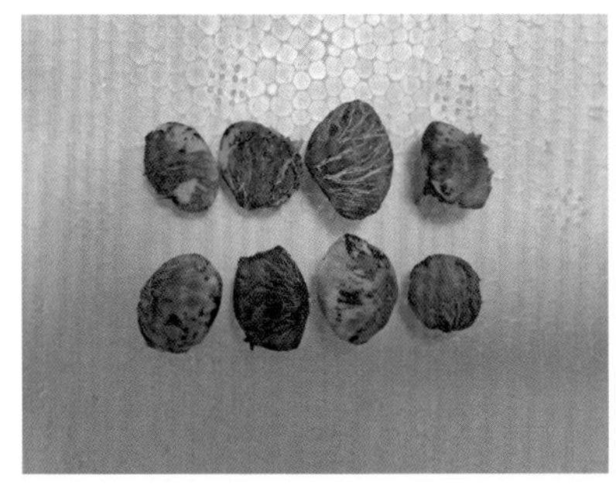

图3-17　泰国山竹种子（周兆禧　摄）

图3-18　黄晶山竹种子（周兆禧　摄）

第二节　生长特性

一、根系生长动态

山竹的根系不发达，其分布范围与所在土壤的理化性质、土层厚度、地下水位高低、地面覆盖物等都密切相关。旺盛生长期的成年结果树，大部分根系分布在地表5～30 cm的土层，根系的水平范围不超过树冠的一半，在长期有落叶覆盖的潮湿根区，常布满肉质的营养根。

一年中，山竹根系可以在适宜的栽培条件下不断生长，没有休眠期，但是在一年中的不同时期，根系的生长势有差别。山竹根系一年中有3个生长旺盛期，第一次是3—5月，此时正是山竹开花坐果，果实膨大的关键时期，树体迫切需要充足的养分供应来满足这一重要的过程，因此根系旺盛生长来汲取肥料提供的养分供给；第二次是果实采收后，此时地温较高，湿度较大，适宜根系生长，并且随着树体恢复营养生长，需要根系吸收果后追肥的营养；第三次是入冬前，树体需要储备干物质越冬，营养生长总体都很旺盛。

二、干、枝、叶、芽生长特性

干、枝：主干明显，树冠圆锥形，树皮棕色或黑褐色，内有藤黄胶，单轴分枝且倾斜向上对生，茎四棱形，修剪或者环割后有胶流出。

叶：山竹的叶对生全缘，椭圆形顶端略尖，具短柄（1～

2 cm）。小枝顶端抽生新叶，初生为玫瑰色，逐渐向绿色转变，最终变成深绿色。山竹成熟叶长15～25 cm，宽4.5～10 cm，叶片革质，正反面均无毛。

芽：山竹的芽可以分为顶芽、侧芽，无明显休眠期。

三、花、果生长特性

花：山竹花为两性花，雄蕊退化，长约2 cm。花瓣4片，长2～5 cm，肉质较厚，倒卵形排列，黄绿色有红色边缘或偶尔有全红色。子房无柄，近圆形。花常1朵，或成对，或极少见3朵生长于嫩枝顶端。

果：在海南山竹一般2—3月开始坐果，6—8月果实成熟采收。山竹的果实生长遵循“S”形曲线，果皮的生长从一开始就处于优势，假种皮，即食用部分的干物质在花后的20 d才开始缓慢增加。在生长接近成熟，大约13周的时候，山竹的果皮、假种皮、糖和酸的百分含量都达到最高。山竹果实生长发育期，果皮受伤后会流黄色果胶（图3-19）。

图3-19　泰国山竹果面流果胶（葛路军　摄）

第三节　栽培特性

一、环境条件和生态适宜区

（一）土壤

山竹土壤适应性较强，一般土壤透气、土层深厚、排水良好、pH值微酸、富含有机质的黏壤土都适宜山竹种植。

（二）温度

山竹是典型的热带果树，年均温在20～25 ℃范围也可以满足山竹栽培的要求。在25～35 ℃的环境下可以旺盛生长，当温度降到25 ℃以下时，山竹生长将受到抑制。温度长期低于5 ℃或高于38 ℃都会引起山竹死亡。当种植园内气温过高时，可以喷灌补水降温，世界各地通过引种，证明山竹种植区域最远可以延伸到赤道两边纬度18°的地区。我国海南省南部地区的气候条件基本满足山竹的生长需求。山竹在海南三亚、陵水、保亭、乐东、五指山能够稳产丰收，其中综合温度、湿度、海拔等条件而言，尤以保亭、五指山地区最佳。

（三）光照

山竹在生长期的前2～4年，不管是在育苗床上，还是大田定植，都需要荫蔽的环境，早期山竹较适宜的光照度为40%～70%。山竹的光合速率在27～35 ℃的温度范围，20%～50%的荫蔽条件时基本稳定不变。在山竹的幼苗期，太阳光直射下，幼嫩的枝叶与果实容易被灼伤。

在印度尼西亚等东南亚国家，习惯性地将山竹与其他果树套种，从而由套种的果树提供山竹早期生长需要的遮阴条件。海南的山竹种植园在山竹的小苗时期也常常采用这种模式。海南最适合采取橡胶、槟榔等残次林下种植，一是提高土地利用率，二是为转产提供产业储备。

（四）湿度

山竹是典型的热带雨林型果树，自然生长在年降水量大于1 270 mm的地区，可以在年降水量1 300 ~ 2 500 mm，相对湿度80%的地区旺盛生长。山竹的正常开花结果，需要15 ~ 30 d的持续干旱期，其余时间要求降雨充足且分布均匀。

山竹能忍受一定程度的涝渍，但是不耐干旱。干旱地区，通过灌溉系统持续供应充足水分，也可以成功栽培山竹。

（五）风

风主要有调节山竹种植园温度和湿度的作用，台风会对果树枝叶和果实有危害。海南省保亭、五指山等地区的西北风干燥，易引起山竹落花落果，严重时还会造成新梢皱缩干枯。海南台风多发生于7—11月，台风过境时易引起大量落果，严重者折枝损叶，破坏树形，影响下一年产量。

二、繁殖

栽培种只有雌花，少有雄花，也不需要授粉，因为山竹的生殖方式是子房直接膨大的无融合生殖，所以产生的种子实际上是母体的无性繁殖，其后代的种苗也可算作是母树的克隆；也可以通过选择两个优良的杂交亲本来获得具有优良性状的子代，再通过单性繁殖的方式稳定下来。

以泰国山竹为例，由于是无融合生殖，因此，山竹的实生苗种植后，其结果的果实性状比较稳定，很少发生变异，这是采用实生苗种植的原因之一。另外，山竹实生苗种植后，童期较长，种植后一般要7～12年后才结果。而嫁接苗种植后，虽然可缩短童期，但树冠较小，直接影响产量。

三、树型

山竹树的树型一般有三角形（金字塔形）和椭圆形，山竹两种树冠类型的形成受环境影响很大，当山竹树间种在较高的树之间，有一定的荫蔽条件时，侧枝较为舒展，大概率形成三角形（金字塔形）的树冠；在阳光充足的地方，山竹树长得会比较低矮，侧枝层次密集，形成较为紧密的椭圆形树冠（图3-20，图3-21）。山竹树的果和叶一般可以分为3种类型，第一种：叶大、果大、果皮厚，每一束只有一个单果；第二种：叶和果大小中等、果皮厚度中

图3-20 山竹树型（周兆禧 摄）

等，每一束有1～2个果；第三种：叶小、果小、果皮薄，每一束有2个以上的果。

图3-21　山竹内堂枝（周兆禧　摄）

四、生态适宜区域

（一）国际适宜分布

山竹原产于马来群岛，在东南亚地区和印度次大陆地区广泛栽培，在非洲也有分布。山竹在马来西亚、印度尼西亚、泰国、菲律宾、越南、缅甸、印度等国家均有大面积种植。

（二）国内适宜分布

现我国海南、台湾、福建、广东和云南也有引种或试种。以海南为主，主要集中在南部市县，例如保亭、五指山、三亚、陵水、乐东、儋州等地，其中以五指山、保亭的山竹产业体量最大，发展最为全面。福建、江西、四川、云南等山区仅有少量种植。

第四章

种类与品种

第一节　种类

一、山竹种类简介

藤黄属总共大约450种植物，除去唯一一种作为水果推广种植栽培的山竹（*Garcinia mangostana* L.）之外，藤黄属植物中大约还有40种能生产可供食用的果实。其中，东南亚地区大约利用了其中的27种，南亚地区则大约利用了1种，非洲地区大约利用了其中的15种。Martin et al.（1987）调查发现，在亚洲地区有4个藤黄属的物种分布较为广泛，并得到了普遍的种植与应用，它们分别是：*G. mangostana* L.（山竹）、*G. cambogia*（Gaertn）Desr.（藤黄果）、*G. dulcis*（Roxb.）Kurz与*G. tintoria*（D. C.）Wight。其中，山竹和*G. dulcis*在热带地区有大量的人工种植，其他几个物种人工种植较少。

二、常见山竹近缘种

（一）*G. dulcis*（Roxb.）Kurz

原产于菲律宾、印度尼西亚（特别是印度尼西亚的爪哇和婆罗洲地区）、马来西亚和泰国，该树种在安达曼和印度的尼科巴群岛也有分布（Dagar，1999）。*G. dulcis*是一种中等乔木，高5～20 m，与山竹的树高近似。其小枝分泌的乳胶呈白色，果实分泌的乳胶呈黄色。叶片对生，老熟叶片呈暗绿色，叶背被毛，叶长10～30 cm，宽3～15 cm。雄花乳白色，有淡淡的臭味，常成丛开放在树叶后面的嫩枝末梢上，雌花具有更长的花柄和更浓的气味，可产生大量的花蜜。果实圆球状，直径5～8 cm，成熟时变为橙色。每个果实里面有1～5颗棕色大种子，种子外面有可以食用的淡橙色果肉。其果实由于太酸不适宜生食，经过烹饪或制成蜜饯后，风味变佳。

（二）*G. tinctoria*（D. C.）Wight

与*G. dulcis*（Roxb.）Kurz较为相似，容易混淆。该树种在东南亚、中印边境、印度次大陆以及安达曼群岛的森林中都有很广泛的分布，在中国也有分布，印度和马来西亚也偶有种植。*G.tintoria*（D. C.）Wight是中等大小的乔木，高10～20 m，叶对生，长7～15 m，宽4～6 cm。雄花呈粉红色或红色。果实是近球形的浆果，直径3～6 cm，成熟后变黄色，种子包裹在橙色的果肉里面。嫩芽和果实均可以食用，有酸味。其果实可以用于烹饪。

（三）*G. cambogia*（Gaertn）Desr.（滕黄果）

藤黄果原产于马来西亚半岛、泰国、缅甸和印度，在菲律宾也有发现。这种树常分布在低地雨林中，属高大乔木，高20～30 m，其树干的基部常有凹槽。树体可分泌无色清淡的胶乳。树叶较大，暗绿色、平滑有光泽，呈窄的椭圆形，叶尖骤尖，叶对生。花略带红色，雄花罕见，但常成簇着生在枝条的顶端，雌花一般单独开放。果实近圆球形，体积较大，直径为6～10 cm，表面有12～16条突出的纹理和凹槽，果实成熟后呈橘黄色，花瓣和萼片仍保留在果实基部，果肉口感较酸。有些国家把已长大但未成熟的藤黄果果实切成片后晒干，用于调味，以取代酸豆果。在印度和泰国，也用于减肥类加工保健品。

（四）*G. hombroniana*

该物种主要原生于马来西亚和安达曼、尼科巴群岛。常常生长在沙质和岩石较多的海滨，或生长在靠海的次生林中，属于中型乔木，树高一般9 ~ 18 m，树皮灰色。树体可以分泌白色乳胶。叶对生，树叶长10 ~ 14 cm、宽4 ~ 8 cm。雄花乳白色或乳黄色。果实圆球形，有薄薄的外壳，直径约5 cm，果实呈鲜亮的玫瑰色，具有苹果的香味，果实的尖端通常保留有碟状的柱头。其鲜果和山竹果外形非常相似，味道有点像桃子，但略有些酸。

（五）*G. indica*

该树种主要分布于热带雨林中，特别是印度的东北部地区。其一般生长在较高海拔地区，甚至在2 000 m海拔处仍有分布。*G.indica*是一种中型乔木，果实外形与山竹相似，近圆球形，直径2.5 ~ 3 cm。果肉味酸，常用于生产果冻和果汁。在印度，常将其果实连肉带皮一起烘干，制成略有酸味的咖喱和果汁，深受当地人们喜爱。

（六）*G. prainiana*

该树种原产于马来西亚和泰国，属于中小型乔木。该树可以分泌白色胶乳。树叶大且呈椭圆形，长10 ~ 23 cm，宽4.5 ~ 11.5 cm，叶缘或尖锐或顿挫，棱纹较多，几乎无柄。其花常成簇盛开在多叶的嫩枝上，具5个花瓣，花微黄色或粉红色。果实圆形，表面光滑但无光泽，一般直径2.5 ~ 4.5 cm，成熟时为橘黄色，柱头黑色像纽扣一样附着在果实上，果皮薄，果肉呈淡橙黄色，味甜但常略带酸味。

（七）***G. livingstonel***

主要分布在东非和南非，是一种树高小于10 m的小乔木或灌木。其树冠密集，枝叶常绿，分枝较多或呈丛生状，树干多而弯曲不直。树皮呈棕灰色，可分泌黄红色胶乳。雄花、雌花或两性花着生于叶腋处，长在早些时候叶子没有发育出来的地方。果实呈卵球体，大小2.5 ~ 3.5 cm，橙色或红色，果肉是酸里带甜的浆果，可以生吃或经烹饪后食用。

第二节　山竹品种

山竹的生殖方式为无融合生殖，属于无性生殖，因此世界各地的山竹彼此间基本为同源克隆，遗传差异不大。当然，自然环境下也产生了些表型不同的变异种，被发现和有意保存下来，形成如今的栽培种并进行了商业种植。

一、国外山竹品种介绍

泰国、马来西亚、印度尼西亚、菲律宾是山竹的主要种植区域，马来西亚和印度尼西亚都有选出山竹的变种。

在印度尼西亚，山竹的栽培已遍及30个省，现已鉴定出了3个山竹的变种。即：叶片大，果实大，厚果皮，简称“大叶种”；叶片中等大小，果实中等大小；叶片较小，果实较小，简称“小叶种”。

在马来西亚，除了常规种植的山竹品种外，在马来西亚半岛还选育了山竹的早熟品种Mesta，该品种具有童期短、果实稍小、顶端稍尖、无籽的特点（龙兴桂，2020）。

二、我国山竹栽培种介绍

我国的山竹栽培种如按照引种地来区分，主要来源于马来西亚、泰国、越南等地。其中，海南省保亭热带作物研究所、海南省国营南茂农场、海南省国营金江农场，以及乐东、陵水零散种植的山竹为马来西亚种，主要是由海南省保亭热带作物研究所从马来西亚引种的山竹母树采种培育出的种苗，推广到这些地区种植；海南省国营新星农场、海南省国营三道农场、海南省五指山市毛道乡、海口三江、澄迈永发等地种植的主要是泰国种；近些年，也有越南种的山竹被引入种植，主要分布在海南省保亭县和五指山市的一些乡镇。

第五章

种苗繁殖

山竹实生苗种植后需要7～12年的时间才能结果，而嫁接苗种植后也需要4～5年的时间。山竹幼苗生长缓慢原因是多方面的，主要有主根纤细、侧根不发达、根系生长弱、顶芽休眠期长、叶片合成碳水化合物的能力低等原因。为有效提高山竹种苗的繁育效率，生产上运用了嫁接、压条、扦插、组织培养等方法。

第一节　实生苗繁殖

一、山竹实生苗繁殖

用山竹种子播种繁育的种苗叫实生苗。山竹实生苗的特点是童期长，结果慢，实生苗定植后一般要7～12年才能开花结果，遗传变异性不大。因此，生产上很多采用实生苗直接种植。

二、育苗技术

（一）选种洗种

选择新鲜饱满的果实，进口山竹因为运输途中冷冻处理过，种子难以发育，不建议选取。当果实充分成熟后，从山竹果实中取出白色瓣状假种皮，剥出其中包裹的黑褐色扁平状的种子，选择个头较大，较为饱满的种子。山竹种子为顽拗性种子，极易脱水失活，所以获得的种子要尽快播种或者在高湿低氧环境下妥善保存。

将挑选出的种子浸泡8～12 h，用细沙轻轻揉搓洗去残留的果肉纤维，然后清水里人工搓洗掉表面的糖，防止蚁虫啃咬。

（二）沙床催芽

沙床上需要建立遮阴度85%以上阴棚，阴棚既需要能保湿和防止日光暴晒，还要能抵御台风的侵袭。沙床用砖砌起床高30～40 cm、宽120 cm左右，基质选用漂洗干净的河沙。播种选在晴天进行。种子平放在沙床上再按紧压实，种子间稍留一定间隔，不要重叠，以方便种子出芽与移植。播种后，在种子上面铺一层1～2 cm厚的面沙，用于保湿。面沙撒好后，淋透水一次（图5-1）。等到沙床稍干，用80%敌百虫可溶性粉剂800～1 000倍稀释液，给沙床喷药一次，杀灭蚂蚁或者其他地下害虫，预防种子被啃食。另外，也可以采用育苗棚，种子直播催芽（图5-2）。

图5-1　山竹种子沙床催芽（周兆禧　摄）

图5-2 山竹种子直播催芽（周兆禧 摄）

（三）籽苗管理

夏季山竹15～20 d即可出芽。山竹喜湿，籽苗期间要经常保持沙床湿润。晴天时，每天淋水1～2次，早晚各淋1次，面沙湿润即可。雨天要注意排水，以免水渍烂种。播种后15 d左右开始出芽，先长出1对托叶（两叶一心），托叶较小，棕红色。随后第1对真叶由托叶间抽出，新抽出的真叶较小，颜色棕红。约15 d后叶片稳定，颜色转为深绿色，叶面积变大。在真叶展开后到稳定前，最适山竹籽苗移栽（图5-3）。

（四）配营养土

山竹喜欢有机质丰富的酸性或弱酸性黏性土壤。营养土一般用壤土、河沙、腐熟的有机肥混合。将配好的营养土装入育苗袋中，在苗床内排列整齐，淋透水后备用。

图5-3　山竹沙床籽苗管理（周兆禧　摄）

（五）幼苗移植

移植在非雨日均可进行。幼苗移植时，沙床要先淋透水，然后才将山竹籽苗从沙床上移栽到营养袋中。籽苗从沙床移出后，需尽快定植到营养袋中，每个营养袋栽种1株。定植时，用小木棍在袋中插出10 cm左右深的小穴，随即将籽苗的根放入穴中，保持苗根伸直，覆土高于种子1.5 cm左右。在苗头周围用手轻轻将土压实。移栽完成后，淋足淋透定根水（图5-4）。

图5-4　山竹幼苗移袋（周兆禧　摄）

（六）袋苗的水肥管理

每天早晚各淋一次水，见营养袋土面干就淋水，雨天注意排水，雨后注意及时将育苗袋中被雨水冲倒的幼苗扶正与补土。

（七）种苗出圃

山竹袋苗生长2年左右，种苗平均高度达到25 ~ 30 cm即可出圃，直接移栽至大田种植（图5-5）。

图5-5　山竹袋苗出圃（周兆禧　摄）

第二节　嫁接苗繁殖

一、嫁接方法

山竹嫁接多使用补片芽接、嵌芽接和枝接的方式，接穗的采取与嫁接方式直接影响山竹的长势及冠幅大小。

（一）补片芽接

先在接穗芽眼的上方约3 cm处向下将芽眼稍带木质部削出，再剥去木质部，芽眼位于中间，芽片面略小于砧木芽接位面，形成芽片。在砧木主干离地15～20 cm处平直光滑部分开芽接位，自下而上平行直切两刀，深度达木质部，长约3 cm，宽度与接穗芽片相当，顶端横切一刀并挑开皮层向下拉开，形成芽接位。芽体上部与砧木横切口对齐，用嫁接胶带或薄膜绑缚固定芽片。

（二）嵌芽接

在山竹生长期均可进行，砧木和接穗无需离皮，带木质部嫁接。在接穗芽上方1～2 cm处向下削1个2 cm长的斜切面，在芽下方0.5～1.0 cm处倾斜30°斜切1刀，取下带木质部芽片。在砧木合适的光滑部位切1个与接穗芽体大小和形状相似的切口，将芽体嵌入砧木接口，芽片上端必须露出一小部分砧木皮层，至少一侧形成层对齐，最后用塑料薄膜绑缚紧实。

（三）枝接

将带有至少2～3个芽点的接穗基部削成2个长度不等的楔形

切面，长切面3 cm、短切面1～2 cm，外厚内薄。将砧木从嫁接处截去上部，削平断面，在砧木断面边缘沿着韧皮部与木质部交界处切开宽度与接穗相同的切口，深度应略长于3 cm。将砧木切口撬开，对准形成层插入，形成层对齐，接穗与砧木紧密贴合在一起后，利用塑料条将之捆缚在一起，生产上常采用此方法。

二、嫁接要点

第一，嫁接时期应该选择在有利于愈伤组织形成的温度时期，一般为25～30 ℃，苗圃地做好遮阴，避免阳光直射灼伤愈伤组织。

第二，接穗修剪时应注意保留一段叶柄或部分叶片基部组织，降低接穗水分蒸发速度，避免伤口处失水失活影响接穗状态。

第三，山竹树体富含藤黄胶，接穗的截面和砧木的切口处会分泌出藤黄胶，影响木质部和韧皮部接合，影响嫁接效果，所以在山竹嫁接时应做到处理接穗后即时嫁接，减少藤黄胶影响。

三、综合评析

生产上常采用嫁接有效缩短山竹漫长的童期。山竹顶端嫁接的最好方法是，去除砧木顶端3片叶，将接穗正好接在茎干的转绿部位（图5-6）。两年生的老砧木比一年生砧木嫁接成活率高，劈接的效果要比腹接好。同时要注意的是，在嫁接操作完成后，在植株周围特别是接穗附近的湿度必须接近饱和，来防止叶片蒸腾失水导致叶面水汽压出现差异造成落叶，影响接口处的愈合。对于这种情况，可以在接口处包裹一层塑料薄膜或用透明的塑料袋盖住接穗，待接口愈合后取下。

图5-6　山竹嫁接砧木苗

第三节　圈枝苗繁殖

一、适时选枝

一般选择在山竹采收后的9—10月进行圈枝，此时山竹营养生长较为旺盛，圈枝后压条苗发育，出根快，成活率对比其他时期要高，压条苗离体后母树恢复也比较快。一般选用山竹中层树冠内部的成熟结果小枝和下层可修除的枝条，无病虫害、无明显机械损伤。

二、环割剥皮

选择生长健壮的枝条，在其芽眼旁相距5～8 cm平行环割两刀深达木质部，剥去皮层并刮净该处的形成层，由于山竹树体含有藤黄胶，会影响环剥效果，故环剥后晾干24 h，待藤黄胶干后处理。疏剪枝条上叶片，保留2～3对叶即可。

三、基质制备

选择松软的椰糠混合泥土作为圈枝苗生根基质。制备圈枝苗前，将生根水倒入基质中混合，搅拌均匀至用手抓起能成团、紧握时指缝间略有水分渗出、扔在地上容易松散的状态为宜。

四、包裹基质

包基质时可以直接用薄膜或者圈枝器。

薄膜：包基质时，先将薄膜一端扎紧在圈口下呈喇叭状，再填入基质，边填边压实，最后把薄膜包成筒形，再扎紧上端。

圈枝器：将圈枝器一端固定在枝条上，填入制备好的基质，边填入边压实，使基质和环剥处紧密贴合，保持环剥处位于圈枝器正中位置。将圈枝器合拢，包裹一层保鲜膜保湿，扎紧绑带。

五、生根断枝

生根断枝是指发现在薄膜下新生的根布满基质，就可以把压条苗从母树上剪下，断枝时，用修枝剪或小锯在贴近扎口下端的部位截断枝，形成了带根的山竹圈枝苗。

六、综合评析

一般在山竹采收后的8月左右进行圈枝苗繁殖，此时山竹生长较为旺盛，圈枝后压条苗发育，出根快，成活率对比其他时期要高，压条苗离体后母树恢复也比较快。

山竹空中压条繁殖一般选用山竹中层树冠内部的成熟结果小枝和下层可修除的枝条，枝身较为平直，生长健壮无疾病，表面无机械损伤。在选中的枝条上直径1.5 ~ 2.0 cm的部位环割两刀至木质部，两刀间距约3 cm，在两刀割痕之间再横切一刀，以横切的割痕为点，沿两次割痕将表皮剥开。环剥后晾干2周，再包上生根基质（图5-7）。

图5-7　山竹选枝剥皮

制备生根基质一般选用透气性、保湿能力良好的材料。常用的有稻草泥条、椰糠或木糠泥团等，也可用较肥沃疏松的园土直接包扎。稻草泥条的准备：选择较长的新鲜或干稻草，放入水中浸泡4～5 d，然后捞起晾干，放入水稻田黏壤肥泥浆（或塘泥浆）中，泥浆中可适量加入复合肥和生根粉，充分搓揉均匀，做成中间大（直径5～6 cm）、两头尖，长约40 cm的稻草泥条备用。若用椰糠或木糠等疏松保湿材料，可混入1/2的泥土，加少量干牛粪、生根粉，再加水充分混合均匀，以用手抓起能成团、紧握时指缝间略有水分渗出、扔在地上容易松散者为含水适宜，不能过黏或湿度过大，否则会引起伤口腐烂或影响发根。包扎材料可以用30 cm×40 cm左右的塑料薄膜和塑料绳。包基质时，先将薄膜一端扎紧在圈口下呈喇叭状，再填入基质，边填边压实，最后把薄膜包成筒形，再扎紧上端（图5-8，图5-9）。包裹生根基质期间，如果发现薄膜下的基质干燥，可以用注射器来补充水分，提高压条的成活率。

圈枝压条育苗6～9个月后，如果发现在薄膜下新生的根布满基质，就可以把压条苗从母树上剪下。落苗时，用修枝剪或小锯在贴近扎口下端的部位截断枝条，将枝条连同薄膜包裹的生根基质一同取下，枝条截面尽量向下，截面处可以涂上波尔多液防止细菌入侵。取下压条苗之后，尽快将其转入高荫蔽度（70%～85%）的棚内进行假植，假植苗上的叶片保留2片以上，叶片密集的话需要适当筛剪。

圈枝压条苗装在带孔的塑料袋内，70%～85%荫蔽度下假植，营养土中壤土：有机肥按照5：1的比例混合，压条苗植入袋中的时候淋足定根水，过后每个晴天淋1次保持湿润。当抽生第一对新叶后，每周加施0.5%尿素水肥1次。当假植苗有3～4对成熟叶片后即可炼苗定植。定植前两周左右，打开遮阴棚左右的遮阴网炼苗，同时避免阳光直射种苗造成晒伤。炼苗后的种苗即可定植，定植到大田后种苗也应该避免全天阳光直射。

图5-8　包裹生根基质

图5-9　山竹圈枝育苗

第四节　扦插苗繁殖

一、适时选穗

选择插穗的时期一般选择在山竹枝条营养生长旺盛的时期，在果实采收结束追肥至花芽形成前的11月至翌年2月期间。选择健壮、芽眼饱满、无明显病害的枝条剪下待处理。

二、插穗处理

插穗上口距第一芽1 cm平切，下口靠近节的下部，45°斜切。插穗的长度与插穗母枝芽的节间长度有关，一般插穗长度控制在10 cm以上，不超过20 cm。将插穗基部置于生根液中浸泡20 h以上，其间配制扦插苗床。扦插基质选择消毒灭菌过的河沙或草炭灰、蛭石、珍珠岩等比混合作为扦插基质。切面向下45°斜插进基质中，深度大约插穗的1/4。喷水淋湿基质。

三、苗棚管理（光照、温度、水分）

控制苗棚温度在27～30 ℃、控制湿度在75%～80%，荫蔽度70%～85%，经过20～45 d生根发芽后，移植到荫蔽度40%～75%的棚内，避免阳光直射，定植在营养土袋内，定时定量给水给肥，经过45～90 d，逐渐撤掉四周的遮阴网，同时避免阳光直射，待苗长至35 cm以上，就可以出圃作为种苗移栽至大田。

四、综合评析

选择芽眼饱满、无病害或强壮的结果嫩枝作为插穗，消毒、杀菌后，置于生根液中（IBA）中浸泡1 h左右，然后插在无土的细纤维、细膨胀岩培养盘中。泰国山竹扦插繁育中，一是难以生根，或者根系不旺盛，影响后期的栽培管理；二是扦插苗没有主根，植株抗风性能差。除盆景栽培外，大田生产上一般不采用扦插苗。

第五节　组织苗繁殖

一、外植体选择

选取新鲜、成熟山竹果实，流水冲洗干净后剖开果实，取出种子，在超净工作台将种子表面的纤维包衣去除，获得山竹种子。

二、外植体处理

取出的山竹种子在75%乙醇中消毒30 s，用无菌水冲洗干净，然后使用5%的次氯酸钠消毒15 min，无菌水冲洗3～4遍。将消毒后的山竹种子横向切开后接种在含有6-苄基腺嘌呤（6-BA）的改良MS培养基上。

三、增殖培养

待培养室内幼芽长度为3～4 cm时，将芽体基部切下，保留带顶芽的2～3 cm的部分，接种到增殖培养基中培养。

四、生根培养

（一）外植体的选择、消毒及培养

选取新鲜、成熟山竹果实，先用洗洁精进行表面清洗，然后放置流水中冲洗1 h，接着转至超净工作台用70%酒精擦拭表面进行初步消毒，然后用经消毒后的刀将其剖开，取出种子，小心将表面纤维包衣去除，获得山竹种子。将山竹种子用75%的乙醇消毒30 s，然后用无菌水冲洗3～4遍，用5%的次氯酸钠消毒15 min，用无菌水冲洗3～4遍，再用0.1%的氯化汞消毒10 min，再用无菌水冲洗4～5遍。将消毒后的山竹种子横向切开后接种在改良的MS培养基上，含6-BA 3.0 mg/L、GA_3 1.0 mg/L、蔗糖30 g/L、卡拉胶7.5 g/L、pH值5.8放在培养室进行启动培养。

（二）增殖培养

待培养室内幼芽长度为3～4 cm时，将芽体基部切下，保留带顶芽的2 ~ 3 cm的部分，接种到增殖培养基中培养40 d。

（三）生根培养

将增殖芽接种于含有IBA的1/2改良MS培养基上进行生根培养，培养基中合蔗糖30 g/L、卡拉胶7.0 g/L、pH值5.8。

图5-10　山竹组织培养苗（李敬阳　摄）

A. 诱导；B. 增殖；C. 生根

第六章

栽培管理

第一节　建园选址

一、园地选择

（一）气候条件

年均温20～25 ℃的温度范围也可以满足山竹栽培的要求。山竹忌暴晒，山竹在生长期的前2～4年，不管是在育苗床上，还是大田定植，都需要荫蔽的环境，早期山竹较适宜的光照度为40%～70%。山竹的光合速率在27～35 ℃的温度范围，20%～50%的荫蔽条件时基本稳定不变。在年降水量大于1 270 mm以上的地区，相对湿度80%的地区旺盛生长。山竹能忍受一定程度的涝渍，但是不耐干旱。

（二）地形条件

山竹园地应选择在天然屏障较好、坡度小于20°的半山坡、缓坡地及平地种植，并且园地应集中连片，以方便管理。山竹对土壤的适应性广，相对于黏土，山竹更适宜在有机物丰富、pH值为5～6.5的沙壤土中种植。园地土层深厚，土壤肥沃，土壤结构良好。园地应排灌方便，最好具有满足灌溉的稳定水源。山竹适种的地形有平地、丘陵地和山地，平地选择地下水位低的、不积水的地块，丘陵地或山地采用环山行开垦种植（图6-1，图6-2）。

图6-1　山竹环山行种植

图6-2　山竹平地种植

（三）土壤条件

山竹适宜在多种类型的土壤上生长，但不能适应石灰质土壤、沙质冲积土及腐殖质低的沙土。在热带地区，透气、深厚、排水好、微酸、富含有机质的沙壤土最适合山竹的生长。土壤类型以pH值6.5左右的沙质赤红壤、黄红壤、砖红壤类壤土为宜。

（四）灌溉条件

选择水资源丰富、灌溉条件便利的区域。

（五）交通条件

选择交通便利，一是货物运输便利，二是游客参观采摘便利。如果实施农旅结合，三产融合的现代果园交通条件尤其重要。

二、园地规划

（一）作业区规划

作业区的大小应根据种植规模、地形、地势、品种的对口配置和作业方便而定，一般一个作业区13 334～16 675 m^2（20～25亩）为一个作业区，作业区具体面积根据果园实际情况而定。

（二）道路系统

道路包括主路和作业路。主路一般宽3 m，主路上可行驶汽车或大型拖拉机，在适当位置加宽至10 m以便会车；为了方便小区日常作业，设置从主路通向各个小区的支路（作业路宽约1.2 m）。在园区内的主路和作业路要形成道路网。主路修成厚度为20 cm的水泥浇筑路，作业路修成鹅卵石水泥路面。

（三）排灌系统

1. 灌溉系统

为了保证山竹生长所需的水分，要因地制宜地利用河沟山泉、自打水井、山塘水库蓄水引水等灌溉配套工程，并在果园高处自建蓄水池用于旱季蓄水或果园自压喷灌。蓄水池的大小应根据每株果树需水量来建设。

2. 排水系统

南部地区年降水量较大，夏秋季节台风频繁，强对流雨频发，降雨强度大。因此，果园规划要提前做好排水保土系统的设置。

3. 阻洪沟

果园上方山地，暴雨时积集大量雨水向下流，易引起冲刷。宜在园地外围上方设置环山阻洪沟，切断山顶径流，防止山洪冲入果园，也可以兼作环山蓄水灌溉渠。环山沟应与山塘连接，将多余的水收集用于灌溉水源。

4. 排水沟

果园应有纵向排水沟和横向水沟，排除园地积水。尽量利用天然低地作为纵向排水沟，或在田间道路旁边设纵向排水沟，排水沟深、宽20～30 cm。横向排水沟设在梯田内侧沟，且每一梯级环山间隔两株作一土埂，消除梯级内多余积水和积蓄雨水，防止冲刷延长果园湿润时间。

（四）辅助设施

辅助设施包括沤肥池、抽水房和管理房等规划设置，粪池和沤肥坑应设在各区路边，以便运送肥料。一般0.7～1 hm²山竹园应设置1口粪池或沤肥坑，可积蓄25～30 t的肥料，供山竹一次施肥用量。管理房包括仓库、包装场、冷库和农具间等，应遵循便于管理的原则设置。

（五）防护林系统

海南岛每年7—10月受台风的影响很大，为了减少台风危害，降低常风风速，提高园地湿度，应在园区营造防护林带。防护林的类型一般选择透风结构林带。同时设置防风林也可以起到一个相对隔绝外部环境的作用，减少外部环境因素、人为因素对果园的影响。

第二节　栽植技术

一、整地备种

（一）开垦犁地

平地全园整地，清除地面杂物，两犁两耙，犁地深度30～50 cm；坡地采用环山行种植，坡度小于5°的缓坡地修筑沟埂梯田，大于5°的丘陵山坡地宜修筑等。

（二）定标挖穴

种植山竹一般推荐株行距（4～5）m×（5～6）m的规格定标，

具体根据地形而定，按标定的株行距挖穴，挖穴规格为100 cm × 100 cm × 80 cm（长 × 宽 × 深），底土和表土分开。

（三）重施基肥

种植前一个月，每穴施腐熟有机肥15 ~ 25 kg（禁止使用火烧土等碱性肥料），过磷酸钙0.5 kg。施基肥时先将表土填入穴中，再将有机肥、钙镁磷肥与底层穴土搅拌均匀混合成肥土备用，基肥与表土拌匀后回满穴呈馒头状。

二、栽培模式

（一）矮化密植

常规的传统栽培模式是追求单株的高大，以单株的产量为主，栽培较稀，株行距一般都在7 m以上，每亩种植13 ~ 22株，植株比较高，一般山竹长出16对侧枝后进入了结果期。这样的栽培模式，一是不抗风，在我国主产区海南每年7—10月是台风高发期，容易被台风危害；二是管理过程中劳动力成本过高，主要表现在摘果、修剪、用药等劳动效益低下，再加之劳动力成本较高，增加了生产成本，且不便于田间操作。

采用矮化密植新栽培模式，一般株行距在（4 ~ 5）m ×（5 ~ 6）m，每亩栽植30株左右，树冠矮化，一般在树高4 m左右时打顶（图6-3），阻止树身继续增高，方便果实采摘，植株抗风，日常管理成本低。

图6-3　矮化打顶（周兆禧　摄）

（二）间作栽培模式

间作栽培模式，国内主要有山竹间作红毛丹、榴莲等；槟榔间作山竹，适宜的地区可以在橡胶林下间作山竹（图6-4，图6-5）。

图6-4　山竹间作红毛丹（周兆禧　摄）

图6-5　山竹间作榴莲（周兆禧　摄）

三、栽植要点

（一）定植时间

海南一般一年四季均可种植，但推荐优先春植、秋植。没有灌溉条件的果园应在雨季定植。袋苗一般在阴天或在晴天下午定植，避免在雨天或者太阳暴晒时定植。

（二）定植技术

1. 起苗移植

幼树起苗。根据定植时间一般应选择苗木停止生长之后和萌芽之前的秋末至初春，尽量选择阴天进行移植。

幼树起苗一般有两种方式，一种是2 ~ 3年生苗木可采用裸根起苗，因其主根细长，侧根不发达，因此一定要注意保留好根系，主根过长时可适当短截，剪除病根，起苗前适量修剪枝叶。另一种是袋苗移植或者带土球移植，为提高成活率，多花山竹多采用带土球起苗，所带土球大小视苗木地径大小而定，一般土球直径为苗木地径的4 ~ 6倍，并在起苗后适当修剪枝叶，对受伤根系进行削平处理。若是栽种容器苗，移栽时除去营养袋，防止土团被打散以致影响成活率，应直接栽种到种植穴。

常用的方法是袋苗移植。

2. 栽植技术

定植前去掉病虫枝叶及残叶，再剪去一些过多的叶片，避免蒸发量大，失水过多，将山竹苗置于穴中间，根茎结合部与地面平齐，扶正、填土，再覆土，在树苗周围做成直径0.8 ~ 1.0 m的树盘，浇足定根水，稻草或地布等材料覆盖。回土时切忌边回土边踩压，避免根系伤害。

3. 淋透定根水

当定植后，修好树盘，及时淋透定根水，定根水的作用：一是及时给植株提供水分；二是定根水能让土壤与植株根系充分结合，避免造成根毛悬空与土壤颗粒空隙之间，从而造成植株缺水而旱死。定根水的用量一般每株15～30 kg，根据具体土壤条件而定。

4. 幼苗遮阴

山竹早期生长需要弱光环境，荫蔽度40%～75%最适宜山竹的生长。幼苗不适合强光照射，只宜弱光照生长。直接光照下，山竹的叶片，特别是新抽生的叶片，容易受强光照射而灼伤，这也是山竹幼苗生长慢的主要原因之一。因此要对苗进行有效的遮阴。在山竹四周打桩，用木棍、竹竿或PVC管作为支架材料，再用遮阳网固定在方形支架上，搭成方形遮阳棚遮挡阳光，使荫蔽度达到40%～75%，此荫蔽度最适宜山竹幼树的生长。也可以在山竹幼苗期间作槟榔、香蕉、木瓜等作物，宽行的橡胶林或残次林下也可以间作山竹，为山竹提供所需的荫蔽环境，同时解决了山竹幼树至成树期间没有经济收入的问题，增加土地收益。

5. 树盘覆盖

山竹苗定植后对其根区覆盖，可以提高成活率。可以利用园区内生长的杂草或秸秆覆盖根区，既能有效保持根区土壤湿润，还能增加根区土壤有机质，以及抑制杂草生长。一般从树干向外直到树冠滴水线内的30 cm范围内保持覆盖。

第三节　幼树管理

山竹的幼树管理是指山竹栽植后童期的过渡阶段，也就是开花结果之前的生长发育阶段，一般是实生苗定植后8 ~ 10年前，嫁接苗定植后5 ~ 7年前这段时间的管理简称山竹幼树管理，主要包括水分管理、施肥管理、土壤管理、树体管理、杂草及病虫害防控等。

一、水分管理

山竹属于典型的热带雨林型果树，喜高温高湿的生长环境，要求自然生长在年降水量达1 270 mm的地区，在年降水量1 300 ~ 2 500 mm，相对湿度80%的地区旺盛生长。山竹能忍受一定程度的涝渍，但是不耐干旱。山竹果园水分管理原则是果园土壤保持湿润，园区保持湿度，节约用水，干旱灌水，雨季排水。

图6-6　适时淋水

定植时淋透定根水，每株用水量15～30 kg，后期保持土壤湿润即可。灌溉的方式推荐采用滴灌或者喷灌，结合水肥一体化实施。由于山竹的侧根不发达，因此喷水或滴水位置离土干近一些，推荐在树冠半径1/2范围内（图6-6）。

二、施肥管理

山竹果园施肥一般分为土壤施肥与根外施肥两大类。

（一）土壤施肥

根据果树种植情况，根系分布特点有：穴施法、放射沟施肥法、环状沟施肥法、条状沟施肥法、全园施肥法和灌溉施肥法。

1. 穴施法

沿树冠垂直投影内挖穴（侧根不发达），每株树挖4～8个穴，穴深20～30 cm。肥料必须与土混匀后填入穴中。这种方法适宜在幼果期和果实膨大期追肥时使用（图6-7）。

2. 放射沟施肥法

以树冠垂直投影内为沟长的中心，以树干为轴，每株树呈放射形挖4～6条沟，沟长60～80 cm；沟宽呈楔形，里窄外宽，里宽20 cm，外宽40 cm；沟底部呈斜坡，里浅外深，里深20～30 cm，外深40～50 cm。春季第一次追肥适宜采用这种方法（图6-8）。

3. 环状沟施肥法

以树干为中心，在树冠垂直投影内侧挖环形沟。沟宽20～40 cm，沟深40～50 cm。将肥料与土混匀后填入沟中，距地表10 cm的土中不施肥。秋季施底肥时适宜采用这种方法（图6-9）。

4. 条状沟施肥法

在树冠垂直投影的内侧，与树行同方向挖条形沟。沟宽20 ~ 40 cm，沟深40 ~ 50 cm。施肥时，先将肥料与土混匀后回填入沟中，距地表10 cm的土中不施肥。通过挖沟，既能将肥料施入深层土壤中，又有利于肥料效果的发挥，还能使挖沟部位的土壤疏松。随着树冠扩大，挖沟部位逐年外扩，果园大面积土壤结构得到改善。这种施肥方法适宜在秋季施底肥时采用（图6-10）。

5. 全园施肥法

将肥料均匀撒施全园，翻肥入土，深度以25 cm为宜。此法适用于根系满园的成龄树或密植型果园。

6. 水肥一体化

水肥一体化又称为灌溉施肥法，可先将化肥溶解到水中，然后随灌溉水管道一起施入，这一施肥方法大幅度提高了肥料利用率，同时也节约了劳动力成本，是现代果园的重要标志之一。

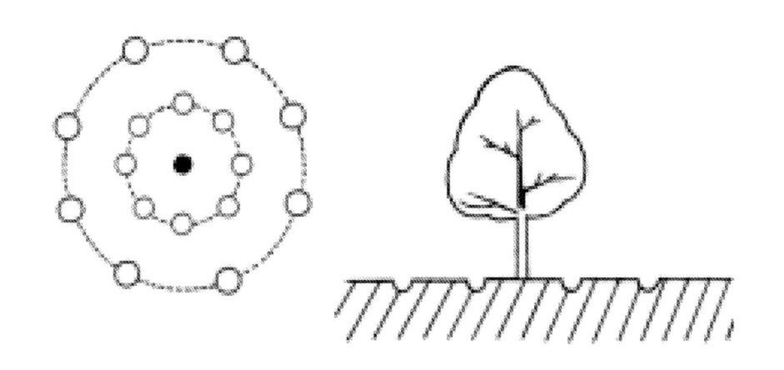

图6-7　穴施法（刘咲頔　手绘）

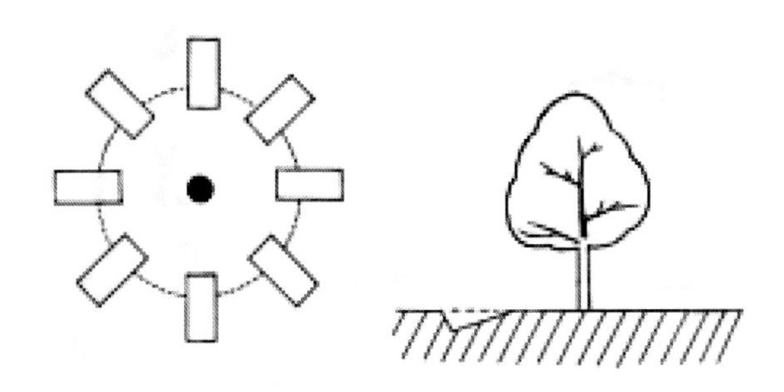

图6-8　放射状施肥法（刘咲頔　手绘）

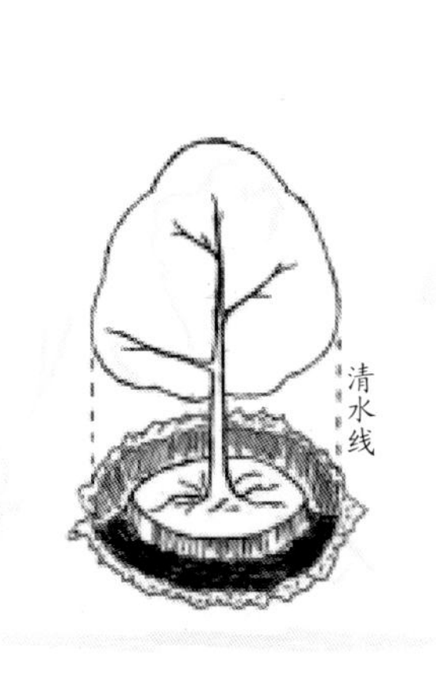

图6-9　环状沟施肥法
（刘咲頔　手绘）

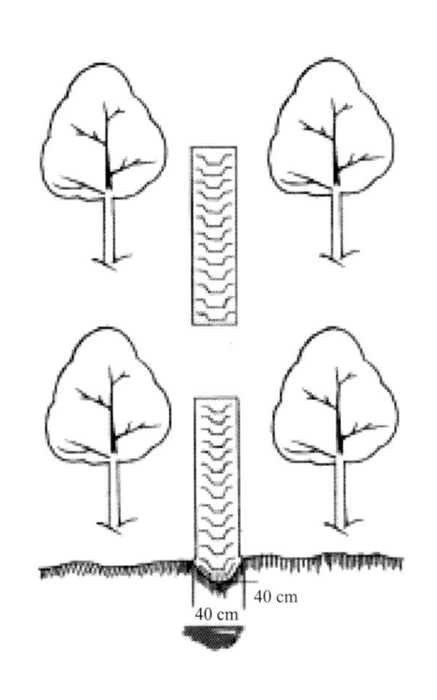

图6-10　条状沟施肥法
（刘咲頔　手绘）

（二）根外施肥

根外施肥又称叶面肥，是将一定浓度的肥料溶液直接喷洒在叶片上，利用叶片的气孔和角质层具有吸肥特性达到追肥的目的。这种方法具有节约用肥，且肥效快，避免土壤对某些元素的化学和生物固定等优点。一般在补充中微量营养元素时通常采用此方法。根外施肥不在下雨天喷施，喷施时应多喷施叶片背面，因为叶片背面吸收量高于叶片正面。

（三）施肥量

幼树施肥的原则是：勤施薄施，促进快速生长。

定植后第一年的施肥管理：幼龄树成活时还在旱季，需要施一次尿素水肥，可结合淋水进行。每株施用量100 mL，浓度2%，促进山竹生长。雨季初期，施1次有机肥加钙镁磷肥。每株树用10 kg左右有机肥，混合0.25 kg的钙镁磷肥。在植株两侧开穴，撒施。回土时先将表土填到根系分布层，底土与有机肥混匀后压在中、表层。雨季期间，施肥2～4次。用氮磷钾比例为15∶15∶15的三元复合肥，在幼树两侧开沟撒施，东西和南北两侧依次轮换施肥。每棵幼树复合肥用量共为0.1 kg，施肥完后及时覆土。

定植翌年后的施肥管理：施用高氮复合肥，促进植株快速生长。施肥的规律和肥料的种类与第一年一样。不同的是施肥量发生了变化。旱季，用尿素溶成2%的水肥，共施用2次，每次每株树100 mL。雨季初期，有机肥的用量为10 kg左右，钙镁磷肥的用量为0.25 kg，氮磷钾复合肥的用量增加到0.2 kg。

定植后第三年的施肥管理：旱季，用速效氮肥溶成水肥时，氮肥的用量增加到每株树施用2%的尿素2次，每次150 mL，共

300 mL。雨季初期，有机肥的用量15 kg左右，钙镁磷肥的用量0.4 kg。雨季期间，氮磷钾复合肥的用量增加到0.25 kg。

定植后第四年至结果期的施肥管理：施肥量和施肥频次逐年增加，旱季，用速效氮肥溶成水肥时，氮肥的用量增加到每株树施用2%的尿素3次以上，每次150 mL，共300 mL。雨季初期，有机肥的用量20 kg左右，钙镁磷肥的用量0.4 kg。雨季期间，氮磷钾复合肥的用量增加到0.25 kg，视树体长势及气候条件适当增减。

三、树体管理

山竹幼树树体管理目的是培养早结丰产树型，山竹的树型比较简单。山竹幼树植株管理主要培养早结丰产树型（图6-11），适合矮化密植模式的树型。山竹树属单轴分枝，侧枝对生于主干，小枝又对生于侧枝。一般山竹长出16对侧枝后进入了结果期，树冠自然成为宝塔形丰产树型。山竹长到4～5 m后进行打顶，实施控上促下，控制山竹的高度，进行矮化。

山竹生长非常缓慢，这有很大一部分的原因是由于根系生长弱，侧根不发达所造成的。山竹幼苗每个月的平均高度生长量约为2.6 mm，每两个月增长一对叶片。人们常常采用嫁接的繁育方式来针对性地解决山竹根系不发达的情况，将山竹幼苗嫁接在具有强壮根系的同属或近缘植物上，可以有效解决根系弱导致的山竹生长缓慢的问题。还有一种植物激素促进山竹幼苗生长的方法，用GA和6-BA处理山竹的芽，再施加细胞激动素和营养素来促进幼苗的生长速度，效果十分显著。

图6-11　山竹早结丰产树形培养

四、土壤管理

幼龄山竹果园的土壤管理主要包括扩穴改土、培肥增效、果园覆盖等，山竹苗定植后对其根区覆盖，可以提高成活率。可以利用园区内生长的铁芒萁、豆科牧草或者地布等覆盖根区，既能有效保持根区土壤湿润，还能增加根区土壤有机质，以及抑制杂草生长。一般从树干向外直到树冠滴水线内的30 cm范围内保持覆盖。根区覆盖对保证山竹健壮生长实用有效。另外，结合施有机肥实施扩穴改土培肥，保持果园树冠投影内土壤疏松肥沃。

五、杂草管理

果园生草覆盖技术是果园种草或原有的杂草让其生长，定期进行割草粉碎还田。果园生草覆盖有以下优点：一是防止或减少果园水土流失；二是改良土壤，提高土壤肥力，果园生草并适时翻埋入土，可提高土壤有机质，增加土壤养分，为果树根系生长创造一个养分丰富、疏松多孔的根层环境；三是促进果园生态平衡；四是优化果园小气候；五是抑制杂草生长；六是促进观光农业发展，实施生态栽培；七是减少使用各类化学除草剂所带来的污染。果园主要采取间套种绿肥或者果园生草以增加地面覆盖，树盘覆盖，一般选择的绿肥有假地豆、绿豆、大豆和柱花草等作物，另外，果树植株的落叶也可以当作覆盖材料。

第四节　成年树管理

成年树的概念：山竹定植后完成了童期的生长发育而进入结果期后成为成年树，实生苗种植7 ~ 12年后进入结果期，嫁接苗一般5年后进入结果期。成年树的管理主要包括水分管理、施肥管理、树体管理、土壤管理、杂草及病虫害防控等。

一、水分管理

1—3月，是山竹开花时期，这个时期需要适当干旱，花期一般尽量避免施高氮肥。

4—6月，山竹进入果实的生长期。此时，是海南由旱季到雨季过渡的一段时间，需根据降雨合理安排山竹果园的排灌。降雨不足或过多，都会影响果实生长发育。降雨较少造成水分供应不足时，山竹果实发育缓慢、果实较小、落果；降雨较多造成土壤水分供应饱和时，容易诱发山竹果实流胶、裂果。根据天气情况，如果连续7～15 d没有降雨，需灌水保持园地土壤湿润；如果出现连续降雨的天气，需及时排水，防止园地积水。

7—10月，山竹果实进入成熟期，此时正值海南的雨季，需要注意控制山竹根系附近的水分含量，避免出现水心病的情况。做好园内排水沟建设，及时排水；必要时可以在山竹树冠下方根系部位铺设地膜，隔绝雨水；或者增设挡雨设施，但因为挡雨设施投入较大，故很少采用。

11—12月，一般是山竹植进行花芽分化期，从营养生长过渡到生殖生长，这一时期一般不需要灌水，保持适当干旱有利于山竹花芽分化。如果这一时间水分过多，花芽分化会推后，或者会出现冲梢现象。

二、施肥管理

（一）施肥时期及施肥量

施肥管理对山竹果实的产量和品质有直接影响，而山竹3个时期的施肥尤其重要，主要是花芽分化期、开花期和果实膨大期，这3个时期的施肥管理尤其重要。

1. 促花肥

每年11—12月，结合旱季控水，施用N：P：K=1：1：2的高钾肥，来诱导山竹进行花芽分化，促进开花结果。施肥时在山竹树冠滴水线内挖环状沟撒施N：P：K=（5～10）：15：15的氮磷钾复合肥0.2 kg与氯化钾50 g，施肥前后适量灌水和控水，具体施肥量根据树势而定。

2. 壮果肥

每年3—5月是山竹果实膨大，坐果稳定期。此时山竹果树以生殖生长为主，营养生长受到抑制但也在同步进行，所以肥料需求应同时满足两者的需求。施肥时在山竹树冠滴水线内挖环状沟撒施N：P：K=15：15：15的氮磷钾复合肥0.2 kg与氯化钾50 g，还可以加入0.2 kg钙镁磷肥，更有助于果实坐果和预防流浆，具体施肥量根据树势而定。

3. 采果肥

采果前后（海南一般6—10月），这一时期施肥的目的是及时提供营养，恢复树势，为翌年结果打下基础。一般在采果后，在植株两侧开穴施基肥，每穴施用混合钙镁磷0.25 kg+腐熟有机肥15～25 kg+氮磷钾复合肥0.2 kg，将土和肥料混匀，每年施基肥时，东西和南北两侧依次替换，具体施肥量根据树势而定。

（二）施肥方式

1.普通施肥法

根据果树种植情况，根系分布特点，普通施肥法包括：穴施法、放射沟施肥法、环状沟施肥法、条状沟施肥法、全园施肥法和水肥一体化施肥法。穴施法、放射沟施肥法、环状沟施肥法、条状沟施肥法、全园施肥法参考幼树管理的施肥管理章节。

2.水肥一体化

水肥管理中，推进实施水肥一体化技术，山竹水肥一体化技术主要包括水肥池（水肥容器）、过滤器、压力泵、管道及喷头（滴灌）等部分组成。把灌溉与施肥融为一体，借助压力系统（或地形自然落差），将可溶性固体或液体肥料，按土壤养分含量和作物种类的需肥规律和特点，配兑成的肥液与灌溉水一起，通过可控管道系统供水、供肥，使水肥相融后，通过管道和滴头形成滴灌，均匀、定时、定量施于山竹根系发育生长区域，使主要根系土壤始终保持疏松和适宜的含水量（图6-12，图6-13）。

图6-12　山竹智能水肥一体化

图6-13　山竹水肥一体化施肥

山竹水肥一体化优点：一是提高劳动效率，节约劳动成本，与常规施肥相比，同一工作量节约劳动力40%以上；二是提高肥料利用率，节约肥料成本，与常规施肥相比，节约肥料20%以上；三是提高果园湿度。因此，山竹果园一般采用水肥一体化施肥方式。

三、树体管理

（一）整形修剪

1. 树形

山竹树形简单，一般山竹树冠自然生长，成为宝塔形丰产树型。

2. 修剪

根据定植的株行距，一般在树高4～6 m时打顶，阻止树身继续增高，方便果实采摘。修枝在果实采收后进行。每年的9—10月，结合新梢抽生情况，修除树冠内层的残枝、死枝和荫蔽处的纤弱小枝，以避免空耗养分，为下一年山竹丰产奠定基础。

3. 拉枝

结果后，可通过绳索固定、重物吊坠等人工手段强迫侧枝平行生长，以增强山竹树冠内部透光，促进果树光合作用与健壮生长。

（二）催花保果

1. 环割促花

具体操作是山竹在11月至翌年1月中下旬秋梢或新叶老熟后进行，在主枝或主干上，闭合环割或螺旋环割1～2圈，主要环割用刀锋利干净，以割断树皮而不伤到木质部，弱树老树不宜环割，雨天潮湿不宜环割，为了避免环割造成的病害交叉感染，每环割一株树则用酒精消毒环割刀面（图6-14）。山竹属于藤黄科，环割后易流胶属于正常现象。

2. 激素促花

山竹花芽分化不同时期叶片内4种植物激素生长素（IAA）、赤霉素（GA）、细胞分裂素（CTK）和脱落酸（ABA）呈现规律性变化。IAA含量呈现双峰变化，营养生长期至生长滞育期和花芽分化期至盛花期均呈现下降趋势；CTK含量的变化与生长素正好相反，营养生长期至生长滞育期和花芽分化期至盛花期均呈现上升趋势；ABA含量在生长滞育期达到峰值；GA含量从营养生长期开始下降，生长滞育期最低，随后上升。

图6-14　山竹环割催花（林兴娥　摄）

山竹花和果实的过量脱落可能是由于内源ABA含量高、IAA含量低和光合产物供应低所致。光合产物的含量较低，开花和挂果的枝条的糖含量较低。叶片N、P、K情况不影响花和果实脱落。在此基础上，推荐施加外源IAA配合良好的田间管理，以防止山竹花和果实脱落。

3. 干旱胁迫

山竹在花芽分化期需要适当的干旱，干旱胁迫可以促进山竹花芽分化。因此，在山竹花芽分化期，海南一般在12月至翌年2月，这期间可以采取以下措施进行干旱胁迫促进花芽分化：一是果园停止灌水，使得果园保持适度干旱；二是采取断根控水的方式，在树冠滴水线内环状开沟，进行一定的人为断根处理，从而保持干旱有利于山竹花芽分化。

（三）疏花疏果

山竹疏花疏果目的：山竹疏花疏果可以调节大小年现象的发生，在大年也就是山竹丰产年进行人为调节果实负载量，对多余的花和果进行疏剪，避免过多花果消耗植株营养，以便小年提高产量。

山竹疏花疏果时期：一般在山竹开花及果树膨大期进行，海南一般在3—4月。

山竹疏花疏果要求：对于畸形、过密集以及病虫害为害的花或果畸形疏除。

（四）山竹保果

1. 山竹落果

山竹一般有3次落果高峰期：第一次落果高峰期是谢花后1~2周，这一时期落果的主要原因是花期生长发育不正常引起落果；第二次落果高峰期是果实迅速膨大期，一般在果实接近乒乓球大小时，这一时期落果主要是营养和内部激素失衡引起（图6-15）；第三次落果高峰期是采果前果实即将成熟时，主要原因是病虫为害、降雨和刮风等对树体及果实的机械原因导致落果。

图6-15　山竹第二次落果高峰（周兆禧　摄）

2. 山竹保果

花芽分化期，需控制灌水量，保持土壤适度干旱，适当干旱有利于诱导山竹花芽分化，保持花期整齐一致，这时期一般不施水肥；开花期及时水肥管理，这一时期适当施高钾肥的复合肥，少施氮肥，或者水溶性有机肥，配合喷施富含硼的叶片肥，一般7～10 d一次水肥；挂果期及果实膨大期，这一时期山竹果实正快速膨大，新梢也在老化生长，养分管理应同时满足生殖与营养生长的需求，这一阶段，推荐施肥比例为N：P：K=1：1：2，树冠滴水线内开环形沟，混合施用复合肥（N：P：K=15：15：15）200 g与氯化钾50 g，以促进果实发育膨大和新梢生长老化，配合叶片喷施富含中微量营养元素的叶面肥（图6-16）。以上营养调控结合环割和病虫害综合防控进行保花保果。

图6-16　山竹叶面喷施微肥（周兆禧　摄）

四、土壤管理

海南山竹种植园多处于海南岛南部山区，水土流失比较严重，加之海南土壤普遍缺钙、缺磷，所以在山竹定植前进行园区内的改土十分有必要，种植一定年份后，适当的深翻改土也是相当重要。

深翻改土的方式一般是深翻扩穴，在定植坑外围挖沟，沟深约40 cm，长宽各50 cm，在沟内压杂草、施绿肥进行培肥增效，最后填上表土，改变土壤的理化性质，提高土壤肥力。也可以在沟上生草覆盖，以减少水土流失。

五、杂草防控

果园生草覆盖技术是果园种草或让原有的杂草生长，定期进行割草粉碎还田。果园生草覆盖有以下优点：一是减少果园水土流失；二是改良土壤，提高土壤肥力，果园生草并适时翻埋入土，可提高土壤有机质、增加土壤养分，为果树根系生长创造一个养分丰富、疏松多孔的根层环境；三是促进果园生态平衡；四是优化果园小气候；五是抑制杂草生长；六是促进观光农业发展，实施生态栽培；七是减少使用各类化学除草剂所带来的污染。果园主要采取间套种绿肥或者果园生草以增加地面覆盖，树盘覆盖，一般选择绿肥、假花生、绿豆、黄豆和柱花草等作物，另外，果树植株的落叶也可以当作覆盖材料。

第七章

主要病虫害防控

第一节　主要病害及防控

山竹主要病害有炭疽病、拟盘多毛孢叶斑病、枝条溃疡病、蒂腐病和果腐病等。

一、山竹炭疽病

（一）症状

该病害主要为害嫩叶，发病初期叶片上出现几个淡黄色到黄褐色间的不规则小点，随着叶片成长，病斑转为深褐色到黑褐色之间，密布叶片表面，病斑坏死干枯，病斑上产生大量橙红色黏状粒点，最后叶片脱落。

（二）病原

病原菌为半知菌类、腔孢纲、黑盘孢目、炭疽菌属、胶孢炭疽菌复合种（*Colletotrichum gloeosporioides* species complex），分生孢子长椭圆形，两端钝圆，直或中间略向内凹陷，内有1～2个油滴，无色，单胞，大小为（9.6～16.8）μm×（3.1～6.0）μm。

（三）发病规律

病原菌以菌丝体和分生孢子盘在土壤及病残体上越冬，翌年靠风雨传播为害。病菌主要通过伤口侵入，高温潮湿、连雨天气有利于发病。高温、失水或营养缺乏也易于发生。

（四）防治措施

1. 加强栽培管理

选择具有一定荫蔽的地块或铺设遮阴网的苗圃育苗；刚定植田间的幼树苗要适当遮阴。合理施肥和灌水。

2. 搞好田间卫生

及时剪除病叶和病残体。

3. 药剂防治

零星发病选用80%代森锰锌可湿性粉剂；或80%多菌灵可湿性粉剂；或25%苯醚甲环唑乳油；或50%醚菌酯可湿性粉剂；或70%甲基托布津可湿性粉剂或40%氟硅唑乳油等药剂防治。每隔7～10 d一次，连续喷3～5次。

二、山竹拟盘多毛孢叶斑病

（一）症状

该病害主要为害叶片，病害多从叶缘或叶尖开始发病。发病初期叶片产生棕色圆形、椭圆形或不规则形的小斑点，随着病斑的扩大，病斑中央颜色变为的灰褐色至灰白色，病斑形状多为椭圆形或不规则形病斑，边缘呈浅褐色至深褐色，病斑周围有黄色晕圈；后期病斑中央轮生或散生许多小黑点，即为病原菌的分生孢子盘。为害嫩叶常造成叶片卷曲，严重时嫩叶大量脱落；为害成熟叶片一般叶片不会卷曲（图7-1）。

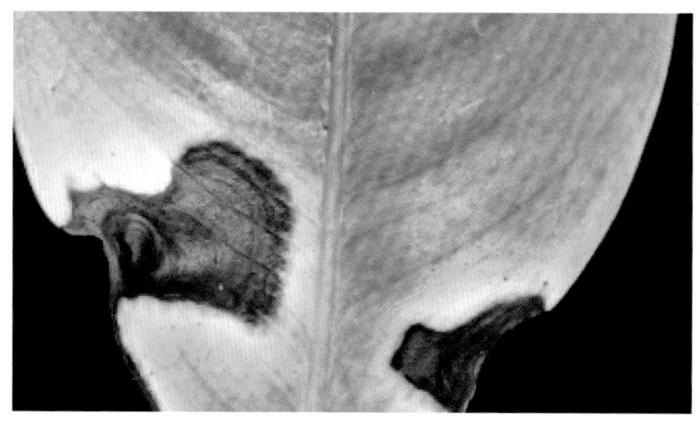

图7-1　山竹拟盘多毛孢叶斑病的症状（谢昌平　摄）

（二）病原

病原为半知菌门、腔孢纲、黑盘孢目、拟盘多毛孢属（*Pestalotiopsis* sp.）。病原菌在PDA培养基上白色，边缘不整齐；气生菌丝较发达；菌落正面的颜色为白色（图7-2A）；背面的颜色为浅黄色；菌落具同心轮纹（图7-2B）。分生孢子盘黑色，分生孢子纺锤形，4个隔膜5个细胞，中间3个细胞褐色，两端细胞无色，分生孢子大小（11.0～15.6）μm×（2.6～3.1）μm，顶端细胞有2～3根无色顶端附属丝。基部细胞有1根尾端附属丝（图7-2C）。

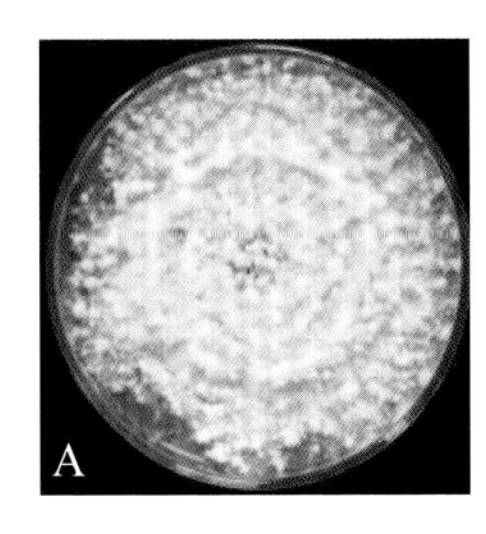

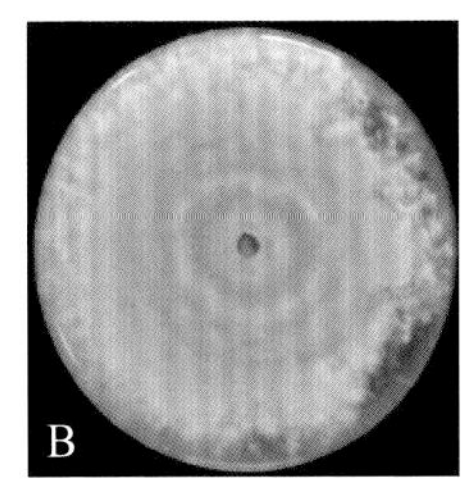

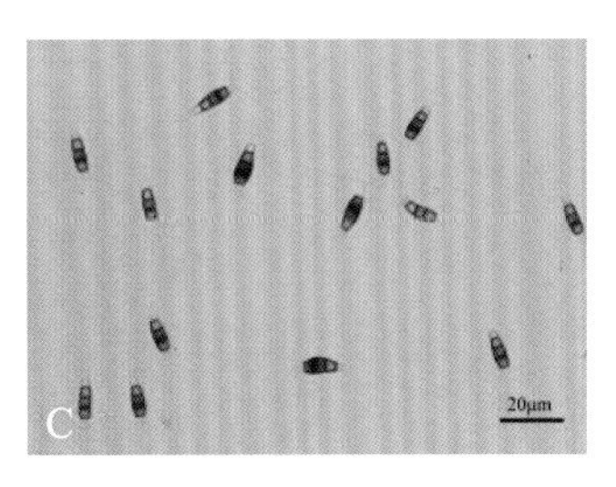

图7-2　山竹拟盘多毛孢叶斑病菌的菌落和分生孢子（谢昌平　摄）

A、B为PDA培养基上的菌落（A为正面，B为背面）；C为分生孢子

（三）发病规律

病原菌以分生孢子盘和菌丝体的形式在病叶内进行越冬，翌年春季遇上阴雨天气下产生大量的分生孢子，分生孢子随风雨传播，分生孢子萌发形成芽管和附着胞，通过伤口和气孔侵入。侵入后的菌丝体主要在寄主表皮下蔓延，逐渐形成分生孢子盘，成熟后突破表皮，在发病部位产生黑色小点。在环境条件适宜时，病部不断产生分生孢子，继续侵染为害。该病害的发生与温湿度、栽培管理和害虫的为害有着密切关系。温度在28～30 ℃，相对湿度在95%以上，最有利于病害的发生；在肥水管理较差的果园和没有适当遮阴苗圃的发病较为常见。杂草丛生以及刚移栽在大田的小苗也容易发生病害；潜叶蛾等害虫为害严重的叶片，由于造成较多的伤口，有利于病原菌的侵入，从而造成发病严重。

（四）防治措施

1. 加强栽培管理

增施有机肥，及时清除田间杂草。小苗移栽初期，可给予适当的荫蔽，以减少光线过强所造成叶片的灼伤，创造不利于病原菌的侵入条件。及时防治潜叶蛾等害虫。

2. 药剂防治

发生严重时，可喷施70%百菌清可湿性粉剂500～800倍液或80%代森锰锌可湿性粉剂500～800倍液或50%多菌灵可湿性粉剂400～600倍液等药液。

三、山竹枝条溃疡病

（一）症状

该病害主要为害新梢，发病初期在果树幼嫩茎干上出现黄色或棕褐色的线状痕迹，后期溃疡腐烂，呈现出椭圆形或狭长的凹陷伤痕，伤痕周围组织木栓化。

（二）病原

病原菌为半知菌类、腔孢纲、黑盘孢目、拟盘多毛孢属的小孢拟盘多毛孢菌（*Pestalotiopsis microspora*）。分生孢子盘黑色，分生孢子长梭形，5个细胞，大小为（18.3～26.4）μm×（6.3～9.8）μm，中间3个细胞呈褐色，前2个颜色较深，第3个颜色略浅。分隔处明显缢缩，顶胞无色，具前端附属丝2～3根，长15.5～21.1 μm，尾孢无色，着生1根尾端附属丝，长3.0～6.5 μm。

（三）发病规律

病原菌以菌丝体或分生孢子盘在病枝条越冬存活，在温暖潮湿的环境条件下，病部产生大量的分生孢子，通过枝条上的伤口或脱落叶片的叶痕侵入，引起枝条发病。一般植株长势较差，栽培管理不当，导致树势较差，抗病性较弱发病严重；因台风过后，枝条伤口较多的果园，利于该病害的发生。

（四）防治措施

1. 加强栽培管理

增施有机肥，提高植株自身的抗病能力，同时，及时修剪过密的枝条或病残枝条。

2. 药剂防治

发病初期，可选用80%代森锰锌可湿性粉剂800～1 000倍液；或70%甲基托布津可湿性粉剂500～600倍液；或25%丙环唑乳油1 500～2 000倍液喷施发病的枝条。

四、山竹果实蒂腐病

（一）症状

该病害首先造成果实蒂部失去光泽而变为暗红色，2～3 d整个果实颜色变暗，后期果实变硬，发病部位呈灰黑色，病果表面布满深灰色茸毛状菌丝层和黑色小点，即为病菌的分生孢子器。分生孢子器初期埋生于表皮内，后期露出表皮外。剖开果实、果肉软化，由白色变为浅灰色，后期果肉干涸浅黑色，与果皮之间形成空洞，果实蒂部与果肉之间常长满灰黑色的霉层，后变为黑褐色。

（二）病原

病原为半知菌类、腔孢纲、球壳孢目、球二孢属、可可球二孢菌（*Botiyododia theobromae* Pat.），在PDA培养基上菌落初为灰白色，后变为灰褐至褐黑色，在全光条件下，15～20 d产生黑色近球状子实体，子座表面长满大量的菌丝。每个子座内有多个分生孢子器，近球形，（180.0～318.9）μm×（157.0～

436.0）μm；未成熟分生孢子短椭圆形，单细胞，无色；成熟的分生孢子双细胞呈褐色，表面有黑白相间的纵条纹，平均22.1 μm × 12.9 μm。

（三）发病规律

病菌以菌丝体或分生孢子器在枯枝、树皮和落叶上或以菌丝体潜伏在寄主体内越冬。翌年环境条件适宜时，分生孢子自分生孢子器涌出，经雨水溅射或昆虫活动进行传播，潜伏在果实上，待果实近成熟或成熟即可表现出症状。通常在果园栽培管理不当，湿度较大时较易发生；果实采后未及时保鲜；采摘时果柄损伤的发病严重；在高温高湿环境下储藏易发生。

（四）防治措施

第一，搞好果园卫生，减少初侵染源。果园修剪后应及时把枯枝烂叶清除，修剪时应尽量贴近枝条分枝处剪下，避免枝条回枯。

第二，果实采收时采用“一果二剪”法，可降低病菌从果柄侵入的速度和概率。

第三，果实采后处理可采用45%特克多胶悬剂500倍液进行处理5 min或45%咪鲜胺乳油500 ~ 1 000倍液浸果2 min。

第四，采用一定浓度的植物激素（如赤霉素、丁酰肼）涂抹果蒂，可对防止蒂腐病的发生，降低病果率有一定的作用。

第五，将采收处理后的果实置于10 ~ 13 ℃储藏也可延缓该病的发生和发展。

五、山竹果腐病

（一）症状

采后的成熟果易发此病。发病初期先在果蒂周围褪色变褐，进而很快发展到果肉内，果皮变成黑褐色，造成果实挤压后易于凹陷，甚至腐烂。后期病果的果皮上产生大量小黑点，即为病原菌的分生孢子器。

（二）病原

病原菌为半知菌类、腔孢纲、球壳孢目的囊孢属的柑橘蒂腐囊孢菌（*Physalospora rhodian* Cke），分生孢子器为黑色，椭圆形，有孔口，直径为150～180 μm；分生孢子为椭圆形，2个细胞、具条纹，大小为24 μm×15 μm。

（三）发病规律

病菌以菌丝体或分生孢子器在枯枝、树皮越冬存活。翌年环境条件适宜时，分生孢子自分生孢子器涌出，经雨水溅射进行传播，潜伏在果实上，待果实近成熟或成熟即可表现出症状。通常在果园栽培管理不当，湿度较大时较易发生；果实采后未及时保鲜；成熟果实受损伤，储藏地方过于潮湿易诱发此病。

（四）防治措施

第一，采收不要在雨后或晨露未干时进行，从采收到搬运、分级、打蜡包装和储藏的整个过程，均应避免机械损伤，特别不能拉果剪蒂、果柄留得过长和剪伤果皮。

第二，储藏的果实采下时应立即用药液浸果1 min左右，药剂可用45%咪鲜胺乳油2 000倍液；或50%咪鲜胺锰盐可湿性粉剂1 500~2 000倍液；或45%特克多悬浮剂450~600倍液；或70%甲基托布津可湿性粉剂500~700倍液；或50%多菌灵可湿性粉剂500~700倍液。在上述每10 kg药液中加入1 g 2, 4-D，有促进果柄剪口愈合、保持果蒂新鲜、提高防效的作用。

第三，有条件地储藏时将温湿度控制在适当的范围内，并注意换气。

第二节　主要虫害及防控

一、黄毛吹绵蚧［*Icerya seychellarum*（Westw.）］

（一）为害概况

黄毛吹绵蚧［*Icerya seychellarum*（Westw.）］属半翅目（Hemiptera）绵蚧科（Monophlebidae），以若虫、雌成虫群集为害叶芽、嫩叶及枝条，被害叶叶色发黄，枝梢枯萎，引起落叶、落果，树势衰弱，严重者全株死亡。

（二）形态特征

1. 成虫

雌体长4 ~ 6 mm，橘红或暗黄色，椭圆或卵圆形，后端宽，背面隆起，被块状白色绵毛状蜡粉，呈5纵行，背中线1行，腹部两侧各2行，块间杂有许多白色细长蜡丝，体缘蜡质突起较大，长条状淡黄色。产卵期腹膜分泌出卵囊，约与虫体等长，卵囊上有许多长管状蜡条排在一起，貌视卵囊呈瓣状。整个虫体背面有许多呈放射状排列的银白色细长蜡丝，故名银毛吹绵蚧。触角丝状黑色11节，各节均生细毛。足3对发达黑褐色。雄体长3 mm，紫红色，触角10节似念珠状，球部环生黑刚毛。前翅发达色暗，后翅特化为平衡棒，腹末丛生黑色长毛。

2. 卵

椭圆形，长1 mm，暗红色。

3. 若虫

宽椭圆形，瓦红色，体背具许多短而不齐的毛，体边缘有无色毛状分泌物遮盖；触角6节端节膨大成棒状；足细长。雄蛹长椭圆形，长3.3 mm，橘红色。

（三）发生规律

1年生1代，以雌虫越冬，翌年春天继续为害，初龄若虫在叶背主脉两侧定居，2龄后转移到枝干上群集为害，成熟后定居后不再移动，分泌卵囊并产卵于其中，卵7月上旬开始孵化，分散转移到枝干、叶和果实上为害，9月雌虫转移到枝干上群集为害，交配后雄虫死亡、雌为害至11月陆续越冬。雄虫少，多营孤雌生殖。

（四）防控技术

1. 农业防治

一是加强水肥管理，增加树势，增强抗虫害能力。
二是结合果树修剪，剪除密集的荫、弱枝和受害严重的枝。

2. 生物防治

保护和利用天敌，如黑缘红瓢虫和红点唇瓢虫等，以发挥其自然控制蚧类的作用。

3. 化学防治

在卵孵化高峰期喷洒如下药剂：40%啶虫脒·毒死蜱1 500～2 000倍液或者5.7%甲氨基阿维菌素苯甲酸盐乳油2 000倍液或者5%吡虫啉乳油1 000倍液，7～10 d后再喷一次。

二、茶黄蓟马（*Scirtothrips dorsalis* Hood）

（一）为害概况

茶黄蓟马（*Scirtothrips dorsalis* Hood）属缨翅目（Thysanoptera）蓟马科（Thripidae），成虫和若虫锉吸山竹树嫩梢、叶片、花、果实等汁液，被害的嫩叶、嫩梢变硬卷曲枯萎，节间缩短；花受害后会大量脱落，幼嫩果实被害后会在表面形成花皮，硬化，严重时造成落果，严重影响产量和品质。

（二）形态特征

1. 成虫

雌虫体长0.9 mm，体橙黄色。触角8节，暗黄色，第一节灰白色，第二节与体色同，第三、四节上有锥叉状感觉圈，第四、五节基部均具1细小环纹。复眼暗红色。前翅橙黄色，近基部有一小淡黄色区；前翅窄，前缘鬃24根，前脉鬃基部4+3根，端鬃3根，后脉鬃2根。腹部背板第二至八节有暗前脊，但第三至七节仅两侧存在，前中部约1/3暗褐色。腹片第四至七节前缘有深色横线。

2. 雄虫

触角8节，第三、四节有锥叉状感觉圈。下颌须3节。前胸宽大于长，背板布满横纹，前缘鬃1对，中部有鬃1对，后缘有鬃4对，内侧的2对鬃最长。腹部第二至八节背片两侧1/3有密排微毛，第八节后缘梳完整。

3. 卵

肾形，长约0.2 mm，初期乳白，半透明，后变淡黄色。

4. 若虫

初孵若虫白色透明，复眼红色，触角粗短。头、胸约占体长的50%，胸宽于腹部。2龄若虫体长0.5～0.8 mm，淡黄色，中后胸与腹部等宽，头、胸长度略短于腹部长度。3龄若虫（前蛹）黄色，复眼灰黑色，翅芽伸达第3腹节。4龄若虫（蛹）黄色，复眼前半红色，后半部黑褐色。触角倒贴于头及前胸背面。翅芽伸达第8腹节。

（三）发生规律

一年发生10余代，生活史复杂，为不完全变态发育。以两性卵生为主，少量进行孤雌生殖，卵产于芽或嫩叶表皮下。成虫活泼、喜跳跃，受惊后能从栖息场所迅速跳开或举翅迁飞。成虫有趋向嫩叶取食和产卵的习性。成虫、若虫还有避光趋湿的习性。

（四）防控技术

第一，刚现花蕾时用40%吡虫啉1 000倍喷雾；7 d后用2%阿维·吡虫啉1 500倍喷雾。

第二，花谢后出现小果时，用2%阿维·吡虫啉或10%溴氰虫酰胺（倍内威）3 000倍液或22%氟啶虫胺腈（特福力）1 500倍液或25%吡蚜酮1 500倍液喷雾。

三、柑橘潜叶蛾*Phyllocnistis citrella*（Stainton）

（一）为害概况

为害山竹的潜叶蛾有鳞翅目（Lepidoptera）叶潜蛾科（Phyllocnistidae）的柑橘潜叶蛾［*Phyllocnistis citrella*（Stainton）］，又叫潜叶虫、细潜蛾、鬼画符，幼虫潜入嫩茎、嫩叶表皮下取食叶肉，留透明表皮层，形成银白色弯曲的隧道，中央有虫粪形成一条黑线。其为害导致新叶卷缩、硬化，叶片脱落，伤口诱发溃疡病。

（二）形态特征

1. 成虫

体长1.5～2.0 mm，翅展4.2～5.3 mm，体银白色，触角丝状14节。前翅披针形，基部伸出2条黑褐色纵纹，一条靠翅前缘，一条位于翅中央，长达翅的1/2，翅2/3处有“Y”形黑斑纹，翅端有1圆形黑斑，斑前有1小白斑点。后翅披针形，缘毛较长。足银白色，胫节末端有1大距。

2. 卵

扁圆形，无色透明，直径0.25 mm。

3. 幼虫

体黄绿色，初孵体长0.5 mm，胸部第一、二节膨大近方形，尾端尖细，足退化。老熟幼虫体扁平，长约4 mm，每体节背中线两侧有2个凹陷，排列整齐。腹部末端有1对细长的铗状物。

4. 蛹

纺锤形，长约3 mm，初为淡黄色，后为深黄褐色。腹部第一节，第六至十节两侧有肉质突起。

（三）发生规律

在四川、湖南1年发生10～12代，主要为害晚夏梢和秋梢；广西、广东、海南1年发生15代，雌成虫期平均7～8 d；卵期1～1.5 d；幼虫期4～7 d；预蛹期1.5～2 d，蛹期5～7 d。柑橘潜叶蛾幼虫主要为害夏梢、秋梢和晚秋梢。在年抽梢3～4次的橘园，幼虫有3个盛发期。抽梢5～6次的橘园，幼虫有4～5个高峰期。成虫和卵盛发后10 d左右，便是幼虫盛发期。管理差、种植品种多样、树龄参差不齐的橘园，发生为害严重。

（四）防控技术

1. 农业措施

加强栽培管理，做好预测预报。

2. 物理防治

冬季剪除带有幼虫和蛹的晚秋梢和冬梢。

3. 生物防治

（1）保护和利用天敌昆虫

柑橘潜叶蛾幼虫的天敌有橘潜蛾姬小蜂（*Elachertur* sp.），捕食天敌有亚非草蛉（*Chrysopa boninensis* Okamoto）、中华通草岭［*Chrysoperla sinica*（Tjeder）］、微小花蝽（*Orius minutus*）等，可加以保护利用。

（2）施用生物源药剂

可选用生物源药剂如青虫菌6号液剂1 000倍液进行喷雾防治。

4. 化学防治

新叶受害率达5%左右开始喷第一次药，以后5 ~ 7 d再喷一次，连续2 ~ 3次，重点喷布树冠外围和嫩芽嫩梢。可选用的药剂有：20%甲氰菊酯或者2.5%溴氰菊酯乳油3 000倍液或者20%多杀菊酯或者20%速效菊酯乳油2 500倍液喷雾。

第八章

果实采收和储藏

第一节　适时采收

一、果实成熟度判断

（一）时间判断法

一是山竹成熟月份判断，海南的山竹果实基本上在6月中旬开始成熟，一直持续到10月；二是开花到果实成熟的天数判断，一般是开花后110 d左右果实成熟，不同气候条件下有差异。

（二）果实色泽判断

紫色类的山竹果实完熟后由绿色—红色—黑紫色，果实表面颜色粉红至紫色时都可采摘（图8-1）。而黄果类山竹果实成熟后呈黄色。

图8-1　山竹可采成熟度（葛路军　摄）

（三）品质判断

果实成熟后果肉的可溶性固形物含量增加，当可溶性固形物含量达到13%以上果实成熟可摘（图8-2）。

图8-2 颜色判断山竹果实成熟度（周兆禧 摄）

二、采收方法

（一）原始采收方式

一般来说，农户个人、小种植园的采摘方式较为粗放。果树下部的果实，多用手工采摘。手工采摘是最好的采收方式，但是一旦需要采收较高枝条上的果实时，难度较大，且有危险，因此，多采用带叉子或钩子的竹竿叉钩下来，果实易坠落地面，造成机械损伤，造成果实品质低下。

（二）无伤采收方式

一般使用采果杆来实现山竹果的无伤采收。采果杆由采果兜、落果梳、手杆3部分组成。采果兜为带网袋的铁环，环口直径20～25 cm，铁环具柄，柄末与手杆相连；落果梳为硬铁丝弯制成圆环，并固定在采果兜铁环内侧，圆环两端对称的弯制成梳齿状。采果时，将采果兜置于山竹果下，拉动手杆，落果梳可将山竹果耙下并落入兜中。这种方法采摘的果实损伤率低，并且采收速度很快（图8-3）。

图8-3　山竹简易采收器（周兆禧　摄）

第二节　分级方法

一、基本要求

山竹鲜果应符合下列基本要求：①果实新鲜饱满，色泽紫红至深紫色，具明显光泽，全果着色均匀；②果实外观洁净，无任何异常色斑；③果柄和花萼新鲜，颜色青绿，无黄褐斑，无皱缩；④无任何异味；⑤无病虫害；⑥无明显外伤；⑦果实外部除冷凝水外，无外来水；⑧果实白色或乳白色，无任何损伤、变色或变质。

二、等级规格

山竹鲜果等级规格见表8-1。

表8-1　山竹鲜果等级规格

项目		等级		
		优等品	一等品	二等品
品质要求	果实完好	匀称，无损伤，带完整的果柄和花萼	匀称，无损伤，带完整的果柄，允许花萼有轻微残缺	稍不匀称，果柄或花萼有明显残缺，表面有轻微损伤痕迹
	单果质量（g）	≥130	≥100	≥70
	果实大小（cm）	横径≥6.5 纵径≥5.8	横径≥6.1 纵径≥5.3	横径≥5.2 纵径≥4.6
	可食率（%）	≥33	≥30	≥29
	可溶性固形物（%）	≥13.0		
限度要求		品质要求不合格率不应超过5%，不合格部分应达一等品要求	品质要求不合格率不应超过5%，不合格部分应达二等品要求	品质要求不合格率不应超过10%，不合格部分应符合基本要求

三、卫生指标

应符合《食品安全国家标准　食品中污染物限量》（GB 2762—2022）和《食品安全国家标准食品中农药最大残留限量》（GB 2763—2021）的相关规定。

第三节　包装方法

一、包装

第一，进口山竹鲜果的包装材料应遵守中华人民共和国有关法律、法规的规定，禁止传带检疫性有毒有害生物和物质。

第二，应按同产地、同等级规格、同批采收的山竹鲜果分别包装。

第三，每批报检验的山竹鲜果其规格、单位净含量应一致。

第四，国产山竹鲜果的包装材料应符合《运输包装用单瓦楞纸箱和双瓦楞纸箱》（GB/T 6543—2008）的要求。

二、包装标志

第一，同一批货物的包装标志，应与内装物完全一致。

第二，包装容器的同一部位应标有不易抹掉文字和标记，应字迹清晰、容易辨认。

第三，标志内容应标明品名、等级、产地、净重、发货人名、包装日期、出厂检验员代号、运储要求或标志等。

第四，国产山竹鲜果的标签、标志应按《包装储运图示标志》（GB 191—2008）和《食品安全国家标准　预包装食品营养标签通则》中的规定进行（图8-4，图8-5）。

图8-4　五指山山竹包装（葛路军　摄）

图8-5　保亭山竹包装（蔡俊程　摄）

第四节　挑选技术

种植户或收购商一般会对采收后的山竹果进行漂洗、筛选、晾干、包装几个环节，在这几个环节中对采收后的山竹果实进行挑选、分级，筛选剔除坏果、劣果，根据定级指标对好果进行分级来流入市场。

消费者挑选山竹果的时候主要可以通过下面几个技巧来辨别山竹的好坏："三看一掂一捏"。

一、看鲜度

新鲜山竹果实一般果实宿存的萼片颜色为绿色，且未有失水现象。相反，如果山竹果实宿存的萼片有失水颜色褪色现象，萼片颜色暗沉，说明该山竹果实不新鲜（图8-6，图8-7）。

图8-6　采摘下的鲜果（葛路军　摄）

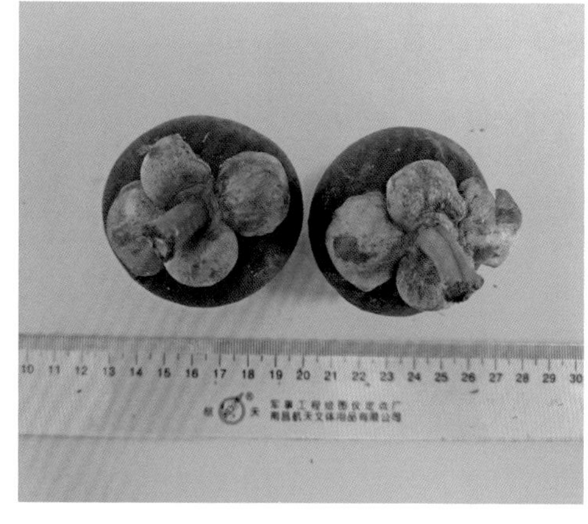

图8-7　萼片颜色绿色（葛路军　摄）

二、看果面

优质的山竹一般果面完好清洁干净，未有黄色果胶，未有裂果现象，果皮颜色紫色或紫黑色鲜艳有光泽，另外，果面麻点褐色的又称为麻竹，这种果实品质也非常好（图8-8）。相反，劣质果果面颜色无光泽，有果胶或者裂果现象（图8-9）。

图8-8　麻竹优质果（周兆禧　摄）

图8-9　流胶劣质果（葛路军　摄）

三、看柱头

山竹果顶端有一瓣一瓣组成的宿存柱头，优质山竹果树宿存柱头有光泽，未有失水现象，并且宿存柱头瓣数越多说明果肉的瓣数也多，可食用的果肉越多（图8-10）。

图8-10　宿存柱头瓣数（周兆禧　摄）

四、掂重量

挑选山竹的时候，可以选几个差不多大小的掂一掂重量，如果发现相同大小的山竹果实沉甸甸的，重一点的，说明这种果实不是优质果，因为上水的山竹果实，简称玻璃果会沉甸甸的重一些。相反，相同大小的山竹果未有沉甸甸的重量感会好些（图8-11，图8-12）。

图8-11　上水山竹（周兆禧　摄）

图8-12　上水和正常果（周兆禧　摄）

五、捏果壳

挑选山竹的时候用手指轻压外壳，不能太硬，也不能太软，好的山竹果壳富有弹性，手指用力容易在果壳留下凹陷，轻压之后能迅速恢复；如果果壳坚硬或表面干燥酥脆，则表示，该山竹果可能过熟或已经变质。

第五节　果实储藏

一、商业储藏法

产业上的山竹储藏主要有两种模式：一种是长储型，一般将库体温度设置在4～6 ℃，相对湿度85%～90%，这种低温高湿的储藏模式主要是为了使山竹的储藏时间尽量延长，最长可以达到40 d左右，但是这种储藏模式会影响山竹的品质，主要是会导致果皮硬化，使其看上去并不新鲜，但实际上食用品质并不会明显下降；另一种是短储型，库体温度一般设置在12～14 ℃，相对湿度85%～90%，这种储藏模式储藏的山竹，果皮、果肉、风味等品质显著高于4～6 ℃储藏，但是储藏期只有20 d左右。目前已经商业化使用的山竹气调参数为5% O_2+5% CO_2，气调库的储存时间普遍能够达到30 d左右。

图8-13　田间冷库保鲜（葛路军　摄）

二、家中储藏法

山竹易变质，要想保存的时间长一点，可以把山竹装入保鲜袋中，再把袋口系紧，放进冰箱冷藏。因为低温可以减少山竹水分的丧失，降低果胶酶的活性，延缓老化，可以有效延长山竹的可食用时间。

第九章

中国山竹产业发展前景分析

第一节 国内发展区域受限 种植规模得不到满足

一、山竹适宜区气候要求

山竹是典型的热带果树，在25～35 ℃的环境下可以旺盛生长。20～25 ℃的温度范围也可以满足山竹栽培的要求。当温度降到25 ℃以下时，山竹生长将受到抑制。温度长期低于5 ℃或高于38 ℃，山竹生长发育都会受抑制。山竹是典型的热带雨林型果树，自然生长在年降水量大于1 270 mm的地区，可以在年降水量1 300～2 500 mm，相对湿度80%的地区旺盛生长，山竹种植区域最远可以延伸到赤道两边纬度18°的地区。

二、国内山竹种植区域有限

国内山竹种植最大适宜区在海南，国产山竹看海南，海南山竹看琼南一带，目前海南有山竹分布的市县主要有保亭、五指山、陵水、万宁、三亚、乐东、琼海、儋州等市县。把海南山竹种植分为优势适宜区和次适宜区。

（一）优势适宜区

主要包括保亭县各乡镇，陵水县远离沿海靠接保亭的乡镇，三亚市天涯区、崖洲区、吉阳区、海棠区沿海的环岛高铁以内的各乡镇，乐东县远离沿海的利国镇、尖峰镇、千家镇、大安镇、万冲镇等相关乡镇，五指山热带雨林河谷沿岸（南圣河）的番阳镇、毛道乡、毛阳乡和通什镇等相关乡镇，东方市远离沿海环岛高铁路线向海南中部的相关各乡镇。

（二）次适宜区

主要指海南中部或以北的各市县的相关乡镇及南方各省的局部小气候环境区域。

综合评述，山竹本土化种植区域有限，尚不能实现大面积大规模种植，这表明了国产山竹是名副其实的热带特色优稀果树，具有广阔的发展前景。

第二节 山竹市场需求旺盛　国内山竹鲜果供不应求

一、山竹贸易情况

全球山竹主产区分布于东南亚国家，包括泰国、马来西亚、印度尼西亚、菲律宾和越南等地，其中泰国山竹种植面积最大，2014年已达到85 000 hm^2。泰国也是全球山竹最大的出口国，出口量占东南亚山竹出口总量的85%左右，美国、中国、欧盟都是山竹进口需求量很大的国家和地区。2022年主要进口水果组成及来源从进口额来看，类型现最好的前五名水果是榴莲、樱桃、香蕉、山竹和椰子，进口来源国排名前10位的分别是泰国、智利、越南、菲律宾、新西兰、秘鲁、南非、柬埔寨、澳大利亚和印度尼西亚。值得注意的是，泰国已经连续4年位居榜首。2022年，我国山竹的进口量为20.9万t，价值6.3亿美元，作为我国的主要山竹供应国是泰国，其在2022年向我国出口了18.3万t的山竹。受到不同国家检验标准，进出口法律法规及鲜果保存时间等因素的限制，山竹进出口贸易量每年都有一定的波动，但总体需求量呈不断增长的趋势，这也导致东南亚国家和山竹适宜种植地区都在不断开拓新的山竹种植基地。

二、国内山竹市场发展趋势

据海关总署数据表明，我国2019年的山竹进口量超过35万t，且仍呈现不断增长的趋势，市场潜力巨大。除中国台湾地区外，目前中国只有海南有较大的山竹商品化种植基地，海南山竹种植面积不到5 000亩，投产面积不足1 000亩，主要集中在保亭和五指山地区，三亚、乐东、陵水等地山竹种植项目尚待开发，有很大的扩张空间。

海南山竹与从东南亚进口的山竹相比，大大缩短了运输距离、运输时间以及运输成本。同时海南适宜的气候环境和优质的土壤使得海南山竹普遍呈现少籽、多肉、甘甜的特点，其中山竹少籽、无籽的特性是东南亚山竹（一般具有2～3枚种子）不具备的特点。所以海南产的山竹果口感更为鲜美，价格更具有优势，市场竞争力也更强。

第三节 产业政策红利丰厚　产业发展空间渐增

2022年4月，习近平总书记在海南考察调研时指出，“根据海南实际，引进一批国外同纬度热带果蔬，加强研发种植，尽快形成规模，产生效益”。由此，海南省发布了《热带优异果蔬资源开发利用规划（2022—2030）》，其中山竹成为重要开发内容之一。2018年以来，党中央、国务院印发了《中共中央国务院关于支持海南全面深化改革开放的指导意见》《海南自由贸易港建设总体方案》等，明确指出，实施乡村振兴战略，做强做优热带特色高效农业，打造国家热带现代农业基地，支持创设海南特色农产品期货品种，加快推进农业农村现代化。明确提出大力发展旅游业，围绕国际旅游消费中心建设，发展特色旅游产业集群，培育旅游新业态，创建全域旅游示范省。

本土山竹种植也只有海南南部各市县有大面积种植山竹的可能性，耐寒性较好的品种在海南都有大面积种植的可能性，必将是海南的特色果业之一。

第四节　山竹文化源远流长

一、名不虚传

山竹又称果后、山竹子、凤果、莽吉柿。山竹原产于东南亚的水果，一直被当地人视为生果中的极品，同时具备医药的疗效，古代人抽取山竹的精华来控制发烧的温度及防止各种皮肤感染。山竹对环境要求非常严格，是名副其实的绿色水果，非常名贵，其幽香气爽，滑润而不腻滞，号称“果中皇后”。

在热带地区一年四季都盛产新鲜的水果，但被人称为‘果后’的山竹每年只结果一次。而且山竹童期较长，实生苗种植后

7～12年后才结果。在热带雨林地区，山竹家喻户晓，人们称其为“果中之后”和“上帝之果”。山竹之所以称为“果后”，除了味道甜美之外，另一个主要原因是在古时东南亚医药领域中担当的角色，传统上，山竹被人用来控制发烧温度及防止各种皮肤感染，深受人们推崇。

二、夫妻果

在泰国，人们经常把山竹和榴莲搭配在一起吃，并且把它们称作“夫妻果”，榴连是热带“水果之王”，山竹就是热带“水果之后”。榴连是热性水果，山竹则是典型的寒性水果，解热功效突出。若是吃了榴连上火，可以赶紧吃山竹降火，山竹“一王一后”、一热一寒，真是天生的一对。

三、山竹邮票

山竹的图案表示吉祥，在马来西亚、越南、柬埔寨、泰国等东南亚国家作为邮票图案发行（图9-1至图9-5），山竹邮票图案作为泰国和以色列建交60周年纪念物。

图9-1　1986年马来西亚发行

图9-2　1964年越南发行

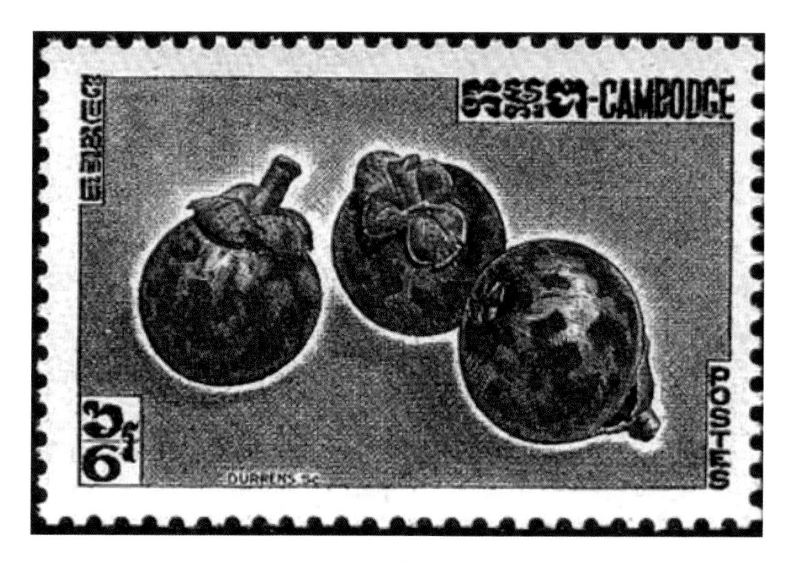

图9-3　1962年柬埔寨发行

图9-4　1976年越南发行

图9-5　泰国与以色列联合发行（泰国和以色列建交60周年）

第五节　产业问题与对策

一、山竹童期较长，前期投入大

以泰国山竹为例，由于是无融合生殖。因此，山竹的实生苗种植后，其结果的果实性状比较稳定，很少发生变异，这是采用实生苗种植的原因之一。另外，山竹实生苗种植后，童期较长，种植后一般要7～12年后才结果。而嫁接苗种植后，一般4～5可以结果，但植株长不大，树冠较小，直接影响产量。由于产业发展中种植实生苗，而导致的前期投入大，收益期晚，很多种植户难于接受。

解决对策：一是加强田间管理，针对山竹嫁接苗实施搭架矮化密植法，搭架支撑嫁接植株往高处生长，培养树冠。二是创新种植模式，针对实生苗采取长短结合的间套作模式，如槟榔、橡胶、红毛丹、榴莲等作物间作山竹，减轻前期投入压力。三是开展缩短山竹童期的相关研究。

二、山竹品种单一，新品种匮乏

山竹产业发展中，由于山竹资源有限，新品种匮乏，尤其是高产、稳产、优质及抗逆性强的品种缺乏，这也是限制山竹产业发展的重要因素之一。

解决对策：一是政府加强预算投资，整合资源，支持一支相对完整的科研和企业运营团队；二是资助山竹种质资源收集保存、鉴定及开发利用的科研工作；三是山竹种植及贸易运营企业，以问题导向联合科研人员开展相关研究工作。

三、栽培管理技术滞后，导致产量不稳品质不优

山竹在栽培管理过程中，由于逆境及催花、保花保果、水肥管理、病虫害防控等因素及技术的影响，导致山竹成花不稳定，落花落果，大小年现象严重以及玻璃果（果实渗水）等问题影响了山竹产业健康持续发展。

解决对策：加强技术研发，主要针对促侧山竹根萌发、催花、保花保果、水肥高效利用、病虫害综合防控（含生理性病害）等相关研究与技术转化。

参考文献

REFERENCES

曹机良，翟海峰，吴凤侠，2017. 山竹壳色素对纯棉针织物染色研究[J]. 针织工业（8）：33-36.

曹菁，韩超明，张桂莲，等，2017. 8-烯丙基山竹醇的合成及其抗癌活性研究[J]. 有机化学，37（8）：2086-2093.

陈兵，蒋菊生，崔志富，2014. 海南山竹子种苗繁育技术[J]. 广东农业科学，41（8）：57-59.

陈丽萍，2014. 山竹果壳提取液中金纳米粒子的生物合成及光谱性质研究[J]. 化学研究与应用，26（1）：74-80.

陈文良，张孝友，陆原，2010. 热带植物山竹在美容护肤领域应用的研究进展[J]. 农产品加工（学刊）（11）：77-79.

迟淑娟，王仕玉，2009. “热带果后”山竹子研究现状[J]. 东南园艺（3）：57-61.

范润珍，彭少伟，林宏图，2006. 山竹壳色素的提取及其稳定性研究[J]. 食品科学（10）：358-362.

傅家祥，赖锦良，2015. 多花山竹子育苗及移栽技术[J]. 中国林副特产（2）：48-49.

高艳梅，陈兵，范愈新，等，2016. 不同饱满度和不同处理对山竹子种子萌发的影响[J]. 中国热带农业（4）：47-49.

高艳梅，周玉杰，陈兵，等，2016. 生长调节剂对山竹子多胚萌发及幼苗生长的影响研究[J]. 中国热带农业（3）：56-58.

黑玲玲，2018. 山竹椰奶复合果酒的酿造工艺综述[J]. 食品安全导刊（12）：127.

黄景晟，陈遂，吴志成，2017. 山竹果皮中羟基柠檬酸含量分析[J]. 化工管理（14）：155-156.

黄文烨，郭秀君，黄雪松，2014. 山竹壳果胶提取及流变学特性[J]. 食品工业科技，36（10）：237-240.

蒋依辉，李春雨，戴宏芬，等，2011. 山竹的食用药用价值及综合利用研究进展[J]. 广东农业科学，38（3）：50-53.

李娥，董润璁，2015. 山竹提取物的钙拮抗作用及对心肌缺血的影响[J]. 生物技术世界（10）：140.

李西林，张红梅，谭红胜，等，2016. 中国藤黄属植物的资源分布、分类与可持续利用[J]. 世界中医药，11（7）：1176-1179.

李小宁，崔永珠，吕丽华，等，2015. 山竹壳色素对棉针织物染色性能分析[J]. 针织工业（3）：47-50.

李肇锋，周俊新，黄华明，等，2015. 多花山竹子扦插繁殖技术研究[J]. 武夷学院学报，34（12）：7-11.

龙兴桂，冯殿齐，苑兆和，等，2020. 中国现代果树栽培[M]. 北京：中国农业出版社.

卢丹，2010. 若干药用植物有效成分的反相高效液相色谱分离分析方法研究[D]. 杭州：浙江大学.

吕名秀，曹伟娜，刘阿景，等，2017. 山竹壳提取液对羊毛的染色[J]. 毛纺科技，45（2）：7.

莫柳园，石国欢，陈燕，等，2020. 岭南山竹子栽培技术[J]. 现代农业科技（24）：109-110.

彭文书，陈毅坚，钟文武，等，2011. 山竹果壳色素的稳定性及抑菌活性研究[J]. 食品研究与开发，32（12）：55-60.

谈梦仙，洪孝挺，吕向红，2016. 山竹壳活性炭的制备与吸附性能研究[J]. 华南师范大学学报（自然科学版），48（2）：46-51.

辛广，张平，张雪梅，2005. 山竹果皮与果肉挥发性成分分析[J]. 食品科学（8）：291-294.

徐涛，2016. 山竹果壳的化学成分和药理作用研究[D]. 上海：东华大学.

叶火春，张静，周颖，等，2016. 山竹果皮提取物农药活性的研究[J]. 热带农业科学，36（2）：64-68.

翟学昌，宋墩福，彭丽，等，2011. 乡土树种多花山竹子育苗技术[J]. 林业实用技术（9）：34.

章斌，侯小桢，郭丽莎，2011. 山竹壳色素稳定性研究[J]. 食品与机械（3）：41-43，47.

赵骁宇，徐增，蓝文健，等，2013. 山竹的化学成分及其呫吨酮类化合物的药理作用研究进展[J]. 中草药，44（8）：1052-1061.

DAGAR J C，SINGH N T，1999. Plant resources of the Andaman & Nicobar[J]. Bishen Singh Mahendra Pal Singh，1：987.

GEDEON A G J，RAFAELA A P，DANILLO J D S，et al. ，2019. Substrate and quality mangosteen seedlings[M]. Brazil：Revista Brasileira de Fruticultura.

LATIFF A A，2011. Extraction of antioxidant pectic-polysaccharide from mangosteen（Garcinia mangostana）rind：Optimization using response surface methodology[J]. Carbohydrate polymers，83（2）：600-607.

MAI D S，NGO T X，2012. Survey the pectin extraction from the

dried rind of mangosteen（ Garcinia mangostana ）in Vietnam[C]// Proceedings of first AFSSA conference. Osaka，Japan： Food Safety and Food Security held at Osaka Prefecture University.

附　录

ICS 67.080.10
CCS B 31

GB

中华人民共和国农业行业标准

GB/T 41625—2022

山竹质量等级
Grade of mangosteens

2022-07-11发布 2023-02-01 实施

国家市场监督管理总局
国家标准化管理委员会 发布

前　言

本文件按照《标准化工作导则　第1部分：标准化文件的结构和起草规则》（GB/T 1.1—2020）的规定起草。

请注意本文件的某些内容可能涉及专利。本文件的发布机构不承担识别专利的责任。

本文件由中华人民共和国农业农村部提出。

本文件由全国果品标准化技术委员会（SAC/TC501）归口。

本文件起草单位：中国标准化研究院、深圳市标准技术研究院、食药环检验研究院（山东）集团有限公司、重庆市质量和标准化研究院、厦门市标准化研究院、中国绿色食品有限公司、中国热带农业科学院分析测试中心、江苏黄淮农业科技有限公司。

本文件主要起草人：席兴军、杨志花、孙学文、孟玲玲、毛峰、唐飞、李振良、舒蜀波、阳辛凤、张金梅、谢如风、廖洪波、燕艳华、何志军、张莉、李娜。

山竹质量等级

1 范围

本文件界定了山竹质量等级的相关术语和定义，规定了山竹的质量要求，描述了相应的检测方法、检验规则、包装和标志等内容。

本文件适用于山竹（*Garcinia mangostana* L.）主要品种鲜果的质量分级与检测。

2 规范性引用文件

下列文件中的内容通过文中的规范性引用而构成本文件必不可少的条款。其中，注日期的引用文件，仅该日期对应的版本适用于本文件；不注日期的引用文件，其最新版本（包括所有的修改单）适用于本文件。

GB/T 191　包装储运图示标志

NY/T 2637　水果和蔬菜可溶性固形物含量的测定　折射仪法

JJF 1070　定量包装商品净含量计量检验规则

3 术语和定义

下列术语和定义适用于本文件。

3.1 硬缩　hardery and shrivelling

果壳由于水分流失、木质化产生的硬化和收缩。

3.2 皱缩　shrivelling

果柄和花萼由于水分流失而形成小脊、小凸起或细沟状的收缩。

3.3 色斑　speckle

果实表面出现和周围颜色不同的斑块。

3.4 流胶 gummy exudate

果实受到伤害后，流出果面的树脂类物质。

4 质量要求

4.1 基本要求

4.1.1 果实具有本品种所固有的紫色至深紫色的外观颜色以及斑点等特征；无异常黄色等色斑和流胶；果肉呈白色或乳白色，无黄色等异常颜色。

4.1.2 果实完整、新鲜饱满、洁净且无异常外部水，带有完整新鲜的果柄和花萼。

4.1.3 果壳有适宜的硬度，无硬缩，且可被正常切开；果柄和花萼无明显皱缩。

4.1.4 果实无明显失水、异味、腐烂变质、病虫害和机械损伤。

4.1.5 果实达到适于储藏和运输的成熟度。

4.2 质量等级规定

山竹鲜果在符合基本要求的前提下分为特级、一级和二级3个等级，各质量等级应符合表1规定。山竹鲜果大小规格分为大（L）、中（M）和小（S）3个规格，各规格应符合表2的要求。

表1 山竹鲜果质量等级规定

项目名称	等级		
	特级	一级	二级
缺陷	果实无肉眼可见明显损伤，无明显呈半透明果肉	1）果实表面缺陷不超过果面的5%；果皮或萼片允许有不超过10%、但不影响食用的轻微擦伤、破碎或其他机械损伤。 2）有不超过5%的呈半透明果肉	1）果实表面缺陷不超过果面的10%；果皮或萼片允许有不超过10%、但不影响食用的轻微擦伤、破碎或其他机械损伤。 2）有不超过10%的呈半透明果肉

（续表）

项目名称	等级		
	特级	一级	二级
可食率（%）	≥29.0		
可溶性固形物（%）	≥15.0		

表2　山竹鲜果大小规格规定

规格名称	大（L）	中（M）	小（S）
单果重（g）	>100	75～100	50～75

4.3　质量容许度

4.3.1　特级

特级果允许有5%不符合本级要求，不符合特级部分应达一级果要求。

4.3.2　一级

一级果允许有10%不符合本级要求，不符合一级部分应达二级果要求。

4.3.3　二级

二级果允许有10%不符合本级要求，不符合二级部分应符合基本要求。

5 检测方法

5.1 基本要求

将样品置于洁净的白色瓷盘中，在自然光下用目测法进行检验，气味用嗅的方法检验果实有无异味。

5.2 理化指标

5.2.1 单果重

用精度为±0.1 g的天平称量其质量，取平均值。

5.2.2 可食率

准确称量整果质量，将果肉与果皮、果核、果柄和花萼等不可食部分分开，准确称量不可食部分质量，按公式（1）计算。

$$X（\%）=\frac{M_1-M_2}{M_1}\times 100 \tag{1}$$

式中，X为可食率；M_1为整果质量，单位为克（g）；M_2为不可食部分质量，单位为克（g）。

5.2.3 可溶性固形物含量

检测方法按照NY/T 2637的规定执行。

5.3 净含量

检测方法按照JJF 1070的规定执行。

6 检验规则

6.1 组批规则

6.1.1 进口山竹鲜果按同一等级、同一独立运输工具（如集装箱、车辆、船舶等）作为一个检验批次。

6.1.2 国内市场零售的山竹鲜果，同一批发市场、同产地、同品种、同等级作为一个检验批次。

6.1.3 国内农贸市场等批发的山竹鲜果，相同进货渠道的山竹作为一个检验批次。

6.2　取样方法

6.2.1　批量货物的取样准备

数量确定、品质均匀一致（同一品种或种类，成熟度相同等）的批量货物山竹取样应及时，每批山竹应单独取样，如由于运输过程发生损坏，其损坏部分（盒子、袋子等）应与完整部分隔离，并进行单独取样。如认为该批山竹不均匀，除贸易双方另行磋商外，应当把正常质量部分单独分出来，并从每一批中取样鉴定。

6.2.2　抽检货物的取样准备

6.2.2.1　取样位置和方式

从批量货物中的不同位置和不同层次随机抽取的抽检货物山竹应从批量货物山竹的不同位置和不同层次随机取样。

6.2.2.2　包装产品

对有包装（木箱、纸箱、袋装等）的山竹，按照表3进行随机取样。

表3　抽检货物山竹的取样件数

批量货物山竹中同类包装货物件数	抽检货物山竹取样件数
<100	5
101 ~ 300	7
301 ~ 500	9
501 ~ 1 000	10
>1 000	15（最低限度）

6.2.2.3　散装产品

与散装山竹产品的总量相适应，每批山竹至少取5个抽检山竹货物。散装山竹产品抽检货物总量或货物包装的总数量按照表4抽取。

表4　抽检货物山竹的取样量

批量货物的总量（kg）或总件数	抽检货物总量（kg）或总件数
≤200	10
201～500	20
501～1 000	30
1 001～5 000	60
>5 000	100（最低限度）

6.2.3　混合样品或缩分样品的制备

6.2.3.1　将多个抽检货物混合后得到的混合样品山竹制备时，应集合所有抽检山竹样品，并将山竹样品混合均匀；经缩分而获得对该批量货物具有代表性的缩分样品山竹应通过缩分混合样品山竹获得。

6.2.3.2　对混合样品或缩分样品，应当现场检测。取样之后应当尽快完成检验工作。

6.2.4　实验室样品的数量

送往实验室分析或其他测试的、从混合样品或缩分样品中获得的一定量的、能够代表批量货物的实验室样品的取样量，根据实验室检测和合同要求执行，其取样量不少于3 kg。

6.3 交接检验

每批产品交接前，生产单位应进行交接检验。检验内容为第4章规定的所有项目，检验合格的产品方可交接。

6.4 判定规则

6.4.1 检验结果中任一项目不符合本文件要求，可再从该批次中加倍抽样复验，以复验结果为准，若复验结果仍有一项不合格，判定该批产品为不合格品。

6.4.2 质量等级规定中任一项结果不符合本文件要求，判为不合格。以质量等级规定中最低一项指标判定等级。

7 包装和标志

7.1 包装

7.1.1 应按同产地、同等级及规格、同批采收的山竹鲜果分别包装。

7.1.2 定量包装产品的净含量应符合相关法律法规的规定。

7.2 标志

7.2.1 同一批山竹的包装标志，应与内装物完全一致。

7.2.2 标志应集中于包装容器的同一部位，应为不易抹掉的文字和标记，字迹清晰、外部可见。

7.2.3 每一包装应清晰标明山竹品名、品种、等级、规格、产地、净含量、包装日期、生产者、包装商和/或经销商的名称、固定地址、储运要求或标志等内容。

7.2.4 山竹鲜果的标志应按GB/T 191中的规定执行。

ICS 67.080.10
B 24

NY

中华人民共和国农业行业标准

NY/T 1396—2007

山　竹　子

Mangosteen

07-06-14发布　　　　2007-09-01实施

中华人民共和国农业部　发布

前　言

本标准由中华人民共和国农业部提出。

本标准由农业部热带作物及制品标准化技术委员会归口。

本标准起草单位：中国热带农业科学院热带作物品种资源研究所、农业部热带农产品质量监督检验测试中心。

本标准主要起草人：陈业渊、邓穗生、贺军虎、吴莉宇、魏守兴、许桂莺。

山 竹 子

1 范围

本标准规定了山竹子（*Garcinia mangostana* L.）鲜果的要求、试验方法、检验规则、包装和标志、运输和储存。

本标准适用于山竹子鲜果，加工用的山竹子也可参照使用。

2 规范性引用文件

下列文件中的条款通过本标准的引用而成为本标准的条款。凡是注日期的引用文件，其随后所有的修改单（不包括勘误的内容）或修订版均不适用于本标准，然而，鼓励根据本标准达成协议的各方研究是否可使用这些文件和最新版本。凡是不注日期的引用文件，其最新版本适用于本标准。

GB/T 6543 瓦楞纸箱

GB/T 10788 罐头食品中可溶性固形物含量的测定 折光计法（GB/T 10788—1989，eqv ISO2173:1978）

GB/T 191 包装储运图示标志

GB 2762 食品中污染物限量

GB 2763 食品中农药残留最大限量

GB 7718 预包装食品标签通则

3 要求

3.1 基本要求

山竹子鲜果应符合下列基本要求：果实新鲜饱满，色泽紫红至深紫色，具明显光泽，全果着色均匀；果实外观洁净，无任何异常色斑；果柄和花萼新鲜，色泽青绿，无黄褐斑，无皱缩；无任何异味；无病虫害；无明显损伤；外部无外来水，但冷凝水除外；果肉白色或乳白色，无任何损伤、变色或变质。

3.2 等级规格

在符合基本要求的前提下，山竹子鲜果按品质和限度要求分为优等品、一等品和二等品。各等级规格应符合表1规定。

表1 山竹子鲜果等级规格

<table>
<tr><th colspan="2" rowspan="2">项目</th><th colspan="3">等级</th></tr>
<tr><th>优等品</th><th>一等品</th><th>二等品</th></tr>
<tr><td rowspan="5">品质要求</td><td>果实完好</td><td>匀称，无损伤，带完整的果柄和花萼</td><td>匀称，无损伤，带完整的果柄，允许花萼有轻微残缺</td><td>稍不匀称；果柄或花萼有明显残缺；表面有轻微损伤痕迹</td></tr>
<tr><td>单果质量，g</td><td>≥130</td><td>≥100</td><td>≥70</td></tr>
<tr><td>果实大小，cm</td><td>横径≥6.5
纵径≥5.8</td><td>横径≥6.1
纵径≥5.3</td><td>横径≥5.2
纵径≥4.6</td></tr>
<tr><td>可食率，%</td><td>≥33</td><td>≥30</td><td>≥29</td></tr>
<tr><td>可溶性固形物，%</td><td colspan="3">≥13.0</td></tr>
<tr><td colspan="2">限度</td><td>品质要求不合格率不应超过5%，不合格部分应达一等品要求</td><td>品质要求不合格率不应超过5%，不合格部分应达二等品要求</td><td>品质要求不合格率不应超过10%，不合格部分应符合基本要求</td></tr>
</table>

3.3 卫生指标

应符合GB 2762和GB 2763的规定。

3.4 包装和标志

应符合第6章的规定。

4 试验方法

4.1 基本要求检验

4.1.1 外观检验

外观检验包括果实完整、饱满匀称、色泽、病虫害、损伤、外来水等项目，用目测法检验。

4.1.2 异味

用嗅的方法检验。

4.1.3 果肉

取样果洗净、切开，观察果肉颜色，品尝果肉味道。

4.1.4 基本要求不合格率

对样果应逐个进行基本要求的判定和记录。当一个样果不符合一项或多项基本要求的，按一个不合格果的质量计算。基本要求不合格率以质量分数x计，数值以百分率（%）表示，按公式（1）计算。

$$x=\frac{m_0}{m_1} \qquad (1)$$

式中，m_0为样果的总质量，单位为千克（kg）；m_1为不合格样果的质量，单位为千克（kg）。

计算结果表示到小数点后二位。

4.2 等级规格检验

4.2.1 单果质量

用精度为±0.1 g的天平称量。

4.2.2 果实大小

用精度为±0.01 cm的游标卡尺测量。

4.2.3 可食率

取样果8～10个，准确称量，将果肉与果皮、果核、果柄和花萼等不可食部分分开，准确称量不可食部分质量。可食率以质量分数x_1计，数值以百分率（%）表示，按公式（2）计算。

$$x_1=\frac{m_2-m_3}{m_2} \quad (2)$$

式中，m_2为样果质量，单位为克（g）；m_3为不可食部分质量，单位为克（g）。

计算结果表示到小数点后一位。

4.2.4　可溶性固形物

按GB/T 10788的规定执行。

4.2.5　等级规格不合格率

基本要求检测合格后，应按品质要求进行各项检验。一个样果出现一项或多项缺陷的，按一个不合格果的质量计算。等级不合格率以质量分数x_2计，数值以百分率（%）表示，按公式（3）计算。

$$x_2=\frac{m_5}{m_4} \quad (2)$$

式中，m_4为检验的样果总质量，单位为千克（kg）；m_5为不合格样果的质量，单位为千克（kg）。

计算结果表示到小数点后两位。

4.3　卫生指标的检验

检测方法按GB 2762和GB 2763的规定执行。

4.4　包装检验

在外观检验前进行，对样品件的净含量和标志进行100%检验，对包装材料按相关（法律法规规定的）规定的方法进行检验。

5　检验规则

5.1　组批规则

5.1.1　进境的山竹子鲜果，按等级、同一独立运输工具（如集装箱、车辆、船舶等）作为一个检验批次。

5.1.2 市场销售的山竹子鲜果，同一批发市场、同产地、同规格的山竹子鲜果作为一个检验批次。农贸市场和超市相同进货渠道的山竹子鲜果作为一个检验批次。

5.2 抽样方法

按随机和代表性原则多点抽样检查，每一检验批次抽取的件数和取样量按表2规定执行。

表2 样品抽取件数和取样量

总数（件）	抽取数量（件）	取样量（kg）
<500	10（不足10件的，全部检验）	5
501 ~ 1 000	11 ~ 15	6 ~ 10
1 001 ~ 3 000	16 ~ 20	11 ~ 15
3 001 ~ 5 000	21 ~ 25	16 ~ 20
5 001 ~ 50 000	26 ~ 100	21 ~ 50
>50 000	100	50

5.3 判定规则

符合本标准第3章要求的相应等级产品，判为相应等级的合格产品。

5.3.1 基本要求不合格率大于2%，该批货物为不合格。

5.3.2 等级规格不合格率超出限度范围，该批货物为不合格。

5.3.3 卫生指标检验结果中有一项指标不合格，该批货物为不合格。

5.3.4 包装和标志检验不合格，该批货物为不合格。

5.4 复验

贸易双方对检验结果有异议时，可重新加倍抽样复检，复检以一次为限，以复检结果判定。

6 包装和标志

6.1 包装

6.1.1 进境山竹子鲜果的包装材料应遵守中华人民共和国有关法律、法规的规定，禁止传带检疫性有害有毒生物和有害有毒物质。

6.1.2 应按同产地、同等级规格、同批采收的山竹子鲜果分别包装。

6.1.3 每批报检验的山竹子鲜果其包装规格、单位净含量应一致。

6.1.4 国产山竹子鲜果的包装材料应符合GB/T 6543的要求。

6.2 包装标志

6.2.1 同一批货物的包装标志，应与内装物完全一致。

6.2.2 包装容器上的同一部位应标有不易抹掉文字和标记，应字迹清晰、容易辩认。

6.2.3 标志内容应标明品名、等级、产地、净重、发货人名、包装日期、出厂检验员代号、运储要求或标志等。

6.2.4 国产山竹子鲜果的标签、标志应按GB 191和GB 7718中的规定执行。

7 运输和储存

7.1 运输

运输工具应清洁并符合卫生要求，有防晒、防雨和通风设施，山竹子鲜果不应与有毒、有害和有异味的物品混装、混运和混放。

7.2 储存

7.2.1 山竹子鲜果应储存于清洁、凉爽通风、有防晒防雨设施的库房中，不应与有毒、有害和有异味的物品混存。

7.2.2 应按等级规格分别堆码，货堆不应过大，保持通风散热。

Q/469001ZD

中甸农林科技开发（海南）有限公司企业标准

Q/469001ZD 001—2023

海南山竹高效栽培技术规程

2023-07-24发布　　　　2023-07-30实施

中甸农林科技开发（海南）有限公司　发　布

前　言

本文件按照GB/T 1.1—2020《标准化工作导则　第1部分：标准化文件的结构和起草规则》的规定起草。

请注意本文件的某些内容可能涉及专利。本文件的发布机构不承担识别专利的责任。

本文件由中甸农林科技开发（海南）有限公司提出。

本文件起草单位：中甸农林科技开发（海南）有限公司、中国热带农业科学院海口实验站。

本文件主要起草人：周兆禧、葛路军、林兴娥、刘咲岫、朱振忠。

海南山竹高效栽培技术规程

1 范围

本文件规定了海南山竹高效栽培的选址建园、植株栽植、土肥水管理、树体管理、果实采收、病虫害防治等技术。

本文件适用于五指山地区及海南全省山竹的生产。

2 规范性引用文件

下列文件中的内容通过文中的规范性引用而构成本文件必不可少的条款。其中，注日期的引用文件，仅该日期对应的版本适用于本文件；不注日期的引用文件，其最新版本（包括所有的修改单）适用于本文件。

GB 4284 农用污泥污染物控制标准

GB 4806.7 食品安全国家标准 食品接触用塑料材料及制品

GB/T 5737 食品塑料周转箱

GB/T 6543 运输包装用单瓦楞纸箱和双瓦楞纸箱

GB 8172 城镇垃圾农用控制标准

GB/T 8321（所有部分） 农药合理使用准则

NY/T 227 微生物肥料

NY/T 394 绿色食品肥料使用准则

NY/T 1276 农药安全使用规范总则

NY 5023 无公害食品 热带水果产地环境条件

3 术语和定义

本文件没有需要界定的术语和定义。

4 选址建园

4.2 选址要求

4.1.1 温度

年平均温度应在20℃以上，≥10℃，积温需为7 000~7 500℃，绝对低温5℃以上，全年没霜冻。

4.1.2 水分

年降水量应在1 300 mm以上，且分布均匀，或具有满足生产的灌溉条件。

4.1.3 土壤

土壤pH值应为5.5~6.5，以土层深厚，有机质丰富，排水性和通气性良好的壤土为宜。

4.1.4 地势

坡地、丘陵地或平地，不积水，避开在风口，远离污染源。

4.1.5 环境条件

园地环境条件应符合NY 5023的要求。

4.2 建园要求

4.2.1 造防护林

应根据园地地形，营造防护林，减轻台风危害，一般（15~30）亩为一个种植小区，并在小区周围营造防护林带，可选速生、抗风力强、风害后复生能力强的树种，推荐一般选用台湾相思、木麻黄、印度紫檀、非洲楝等。

4.2.2 作业区规划

种植规模较大的果园可建立若干个作业区。作业区的建立依地形、地势、品种的对口配置和作业方便而定，一般33 350~66 700 m^2（50~100亩）为一个作业大区，13 334~16 667.5 m^2（15~30亩）为一个作业小区。

4.2.3 道路建设

规模较大的果园作业大区之间修建主干道，作业小区之间修建支道。一般主道宽5～6 m，支道宽4 m。

4.2.4 排灌系统建设

4.2.4.1 排水系统

山坡地果园的排水系统主要有等高防洪沟、纵排水沟和等高横排水沟。平地果园的排水系统，应开果园围边排水沟、园内纵横排水沟和地面低洼处的排水沟，以降低地下水位和防止地表积水。

4.2.4.2 灌溉系统

具有自流灌溉条件的果园，应开主灌沟、支灌沟和小灌沟。灌沟一般修建在道路两侧，地形地势复杂的果园自流灌沟依地形地势修建。没有自流灌溉条件的果园，设置水泵、主管道和喷水管（或软胶塑管）进行自动喷灌或人工移动软胶塑管浇水。灌溉用水质量应符合NY 5023的规定。

4.2.5 修建蓄水池和沤肥池

在每个作业小区内修建（1～2）个蓄水沤肥池。每个蓄水沤肥池隔成2格，一格用于蓄水喷药，另一格用于沤制水肥。

4.2.6 果园辅助设施建设

果园应建设办公室、值班室、宿舍、农具室、包装房、仓库等附属设施。

4.3 整地备种

4.3.1 整地

坡度小于5°的缓坡地修筑沟埂梯田，大于5°的丘陵山坡地宜修筑等高环山行。一般环山行面宽1.8～2.5 m，反倾斜15°。全园犁地耙地，保持土壤疏松。

4.3.2 定标

根据园地环境条件、品种特性和栽培管理条件等因素确定种植密度。株行距为（5～6）m×（5～6）m，每亩种植（18～26）株。

4.3.3 挖穴下基肥

按标定的株行距挖穴，穴面宽×深×底宽为80 cm×70 cm×60 cm。种植前一个月，每穴施腐熟有机肥15～25 kg，过磷酸钙0.5 kg。基肥与表土拌匀后回满穴成馒头状。

5 植株栽植

5.1 品种选择

选择既适应当地气候土壤条件，又具有优质、高产、稳产、抗性强，适合市场需求的品种，比如泰国黑山竹和黄晶山竹。

5.2 种植时间

海南可全年定植，推荐每年1—4月定植，具有灌溉条件的6—9月定植，没有灌溉条件的果园应在雨季定植。

5.3 种植模式

采用矮化密植模式和残次林或槟榔间作山竹栽培模式。

5.4 栽植方法

将山竹苗置于穴中间，根茎结合部与地面平齐，扶正、填土，再覆土，在树苗周围做成直径0.8～1.0 m的树盘，浇足定根水，稻草或地布等材料覆盖。回土时切忌边回土边踩压，避免根系伤害。

5.5 幼树遮阳

栽植后对每株进行遮阳防晒，在植株的四周搭架，并用遮阳度75%左右的遮阳网覆盖，防止太阳暴晒，当植株长势健壮后拆除。

6　土肥水管理

6.1　土壤管理

6.1.1　扩穴改土

从定植第二年起，幼树期间一年四季均可进行扩穴改土。一般采取深翻扩穴，沿植穴外围每次在行间和株间交替进行扩穴。扩穴改土沟深50～60 cm，宽度和长度视有机肥料多少而定。杂树枝叶、作物茎秆、草料、垃圾等均可分层埋入沟内，粗料在下，细料在上。

6.1.2　中耕松土

幼龄果园松土除草多数结合间种作物同时进行。一般2～3个月松土除草一次，夏、秋两季高温多雨松土除草次数宜多，冬、春两季低温少雨，松土除草次数可少些。

6.2　肥水管理

6.2.1　施肥原则

6.2.1.1　施肥应以有机肥为主，化学肥和微生物肥为辅，有机肥、化学肥和微生物肥配合使用。农家肥和商品肥料的使用参照NY/T 394的规定执行，微生物肥料的使用参照NY/T 227的规定执行。

6.2.1.2　根据山竹生长发育对养分的需要和园地肥力状况，采用营养诊断和平衡施肥。

6.2.1.3　应使用符合GB 8172和GB 4284规定的城镇垃圾和污泥。

6.2.1.4　应使用来历不明的经国家有关部门批准登记的肥料（含叶面肥）。

6.3　土壤施肥方法和数量

6.3.1　基肥

应结合扩穴改土施基肥，一般每株施肥量为绿肥、秸秆、落叶等20～25 kg，农家肥30～50 kg左右，加过磷酸钙0.5～1.0 kg混合堆沤，腐熟后施用。表土放在底层，心土回在表层。

6.3.2　追肥

6.3.2.1　幼树追肥

1～6年幼树施肥，全年施肥3～5次，施肥位置：第1年距离树基约15 cm处，第2年以后在树冠滴水线处。前3年施用有机肥加氮、磷、钾三元复合肥（15：15：15），龄树推荐复合肥施用量分别约为0.5 kg/（年·株）、1.0 kg/（年·株）、1.5 kg/（年·株），每年至少施一次有机肥20 kg左右。

6.3.2.2　结果树追肥

6.3.2.2.1　6年后的结果树（实生苗8年后）施肥一般分3个时期，即促花肥、壮果肥、采果前后肥。

6.3.2.2.2　促花肥，每年11—12月，结合旱季控水，施用N：P：K=1：1：2的高钾肥，N：P：K=15：15：15的氮磷钾复合肥0.2 kg与氯化钾50 g，施肥前后适量灌水。

6.3.2.2.3　壮果肥：每年3—5月山竹果实膨大，施N：P：K=15：15：15的氮磷钾复合肥0.2 kg与氯化钾50 g，还可加入0.2 kg钙镁磷肥，更有助于果实坐果和预防流浆。

6.3.2.2.4　采果前后肥：采果前后（海南一般在8—10月），在植株两侧开穴施基肥，每穴施用混合钙镁磷肥（0.25 kg）+腐熟有机肥（15～25 kg）+氮磷钾复合肥（0.2 kg），将土和肥料混匀，每年施基肥时，东西和南北两侧依次替换。

6.4　水分管理

6.4.1　灌溉

山竹枝梢生长期、开花坐果期和果实发育期，遇干旱时应及时适量灌溉。在花芽分化前和花芽分化时应适时停止灌溉。

6.4.2 排水

果实成熟期及多雨季节，应及时疏通果园排水沟排水。

7 树体管理

7.1 整形修剪

山竹树的修枝应在果实采收后进行。每年的9—10月，结合新梢抽生情况，修除树冠内层的残枝、死枝和阴蔽处的纤弱小枝。结果后，可通过绳索固定、重物吊坠等人工手段强迫侧枝平行生长。

7.2 保花保果

7.2.1 环割促花

在每年11月至翌年1月中下旬秋梢或新叶老熟后进行，在主枝或主干上，闭合环割或螺旋环割1～2圈，割断树皮而不伤到木质部。

7.2.2 保花保果

于畸形、过密集的以及病虫害为害花或果畸形蔬除，果实膨大期适时施壮果肥（按照6.3.2.2实施）。

8 果实采收

8.1 成熟度判断

根据果实运输距离及成熟度适时采收。紫色类的山竹果实完熟后由绿色—红色—黑紫色，果实表面颜色粉红至紫色时都可采摘。

8.2 采收时间

采收应在晴天温度较低或阴天采摘，避开雨天。

8.3 采收方法

无伤采收。

8.4 采后处理

8.4.1 预冷

冷库体温度一般设置在12～14℃，相对湿度85%～90%。

8.4.2 分级

分为优等、一等、二等3个等级，各等级及类别应符合表1的规定。

表1 山竹鲜果等级规格

项目		等级		
		优等品	一等品	二等品
品质要求	果实完好	匀称，无损伤，带完整的果柄或花萼	匀称，无损伤，带完整的果柄，允许花萼有轻微残缺	稍不匀称，果柄或花萼有明显残缺，表面有轻微损伤痕迹
	单果质量（g）	≥130	≥100	≥70
	果实大小（cm）	横径≥6.5，纵径≥5.8	横径≥6.1，纵径≥5.3	横径≥5.2，纵径≥4.6
	可食率（%）	≥33	≥30	≥29
	可溶性固形物（%）	≥13.0	≥13.0	≥13.0
限度要求		品质要求不合格率不应超过5%，不合格部分应达一等品要求	品质要求不合格率不应超过5%，不合格部分应达二等品要求	品质要求不合格率不应超过10%，不合格部分应符合基本要求

8.4.3 包装

外包装可选用牢固、洁净、无毒、透气的高强度瓦楞纸箱、塑料箱、泡沫箱，应分别符合GB/T 6543、GB/T 5737、GB 4806.7的规定。内包装聚乙烯薄膜袋，应符合GB 4806.7的规定。

9 病虫害防治

执行预防为主，综合防治的植保方针，坚持以“农业防治、物理防治、生物防治为主，化学防治为辅”的无害化治理原则。药剂防治应符合GB/T 8321的规定，施用方法应按照NY/T 1276的规定执行。主要病虫害药剂防治方法参照表2。

表2 山竹主要病虫害防治用药

防治对象	推荐药剂	使用浓度	施用时期与方式	其他措施
炭疽病	50%苯菌灵可湿性粉剂	1 000倍	新梢萌动抽生时喷药，每7～10 d喷1次，连续2～3次	摘除病叶、枯梢，集中烧毁
	70%甲基硫菌灵可湿性粉剂	1 000倍		
	40%多菌灵可湿性粉剂	1 000倍		
	10%苯醚甲环唑水分散粒剂	1 000～1 500倍		
拟盘多毛孢叶斑病	70%百菌清可湿性粉剂	500～800倍	发病初期喷药，每7～10 d喷1次，连续2～3次	增施有机肥，及时清除田间杂草
	80%代森锰锌可湿性粉剂	500～800倍		
	50%多菌灵可湿性粉剂	400～600倍		

（续表）

防治对象	推荐药剂	使用浓度	施用时期与方式	其他措施
溃疡病	80%代森锰锌可湿性粉剂	800～1 000倍	发病初期喷药，每7～10 d喷1次，连续2～3次	增施有机肥，提高植株抗病能力，及时修剪过密的枝条或病残枝条
	70%甲基托布津可湿性粉剂	500～600倍		
	25%丙环唑乳油	1 500～2 000倍		
蒂腐病	45%特克多胶悬剂	500～800倍	果实采后浸果2～5 min	果实置于10～13℃储藏也可延缓本病的发生
	45%咪鲜胺乳油	500～1 000倍		
果腐病	45%扑霉灵乳油	1 500～2 000倍	果实采下时应立即用药液浸果1 min	无伤采收，贮藏时将温湿度控制在适当的范围内，并注意换气
	50%施保功可湿性粉剂	1 500～2 000倍		
	45%特克多悬浮剂	450～600倍		
	70%甲基托布津可湿性粉剂	500～600倍		
粉蚧类害	5.7%甲氨基阿维菌素苯甲酸盐乳油	2 000倍	每7～10 d叶面喷洒1次，连续1～2次	加强水肥管理，增加树势，增强抗虫害能力
	5%吡虫啉乳油	1 000倍		
蓟马	40%吡虫啉	100倍	现花蕾和小果期每7～10 d叶面喷洒1次，连续1～2次	保持果园通风透气
	2%阿维·吡虫啉	1 500倍		
	10%溴氰虫酰胺（倍内威）	2 500～3 000倍		

（续表）

防治对象	推荐药剂	使用浓度	施用时期与方式	其他措施
潜叶蛾	20%杀灭菊酯	3 000倍	每10～14 d喷1次，连续1～2次	收集虫害果集中销毁
	2.5%高效氯氟氰菊酯	3 000倍